船舶溢油应急处置组织因可靠性评估研究

船舶溢油应急处置组织因可靠性评估研究

王立坤　编著

上海交通大学出版社

内 容 提 要

本书的创新点是首次建立起系统的基于组织视角的船舶溢油应急处置可靠性评估体系。全书共分9章，综述国内外研究概况，基于集合论和社会关系网络，构建“任务-实体-联系”的形式化描述模式，定义了组织因可靠性。将群体决策、故障树和贝叶斯网络运用到船舶溢油应急领域对组织因可靠性的评估研究提出了新的思路，并结合上海港发生的船舶溢油事故进行案例计算、分析。

本书适合于本科生、硕士生学习，以及可供相关研究机构的船舶溢油应急处置人员学习参考。

图书在版编目(CIP)数据

船舶溢油应急处置组织因可靠性评估研究/王立坤编著. —上海：上海交通大学出版社，2011
ISBN 978-7-313-06394-6

Ⅰ. 船… Ⅱ. 王… Ⅲ. 船舶—漏油—应急系统—可靠性—评估 Ⅳ. X55

中国版本图书馆 CIP 数据核字(2010)第 069005 号

船舶溢油应急处置
组织因可靠性评估研究
王立坤 **编著**
上海交通大学出版社出版发行
(上海市番禺路 951 号 邮政编码 200030)
电话：64071208 出版人：韩建民
上海交大印务有限公司 印刷 全国新华书店经销
开本：787mm×960mm 1/16 印张：12.25 字数：227 千字
2011 年 5 月第 1 版 2011 年 5 月第 1 次印刷
印数：1～1530
ISBN 978-7-313-06394-6/X 定价：48.00 元

序

为实现由教学型大学向教学研究型大学转变的目标，上海海事大学一直将学科建设作为学校工作的重中之重，从体制、机制和投入三方面予以支持，以便更好地为国家交通事业的发展和上海国际航运中心建设服务。

交通运输规划与管理学科作为交通部重点学科和学校的传统优势学科，目前设有1个博士点（交通运输规划与管理），3个硕士点（交通运输规划与管理、交通运输工程、港口海岸及近海工程），2个中外合作研究生培养项目（国际航运与物流工程、物流工程与管理）。

长期以来，交通运输规划与管理学科坚持以水路运输为特色，围绕交通运输战略与规划、交通运输现代化管理、海事信息与控制领域中的重大理论、技术和管理问题，注重学科建设和科学研究，取得了一定的学术成果。

《交通运输规划与管理研究系列》丛书收录的学术专著均源自交通运输规划与管理学科的教师近年来所完成的科研成果，从整体上代表了该学科的学术水平。这些专著作者，既有在学术上已卓有成就的资深学科带头人，也有正在快速成长的中青年学科带头人和学术带头人，其中还不乏初出茅庐的青年才俊，这充分显示了交通运输规划与管理学科雄厚的学科人才梯队。更值得一提的是，此次出版的丛书涉及了交通运输领域的方方面面，既有基础理论领域的探索，也有技术层面的应用创新，这表明了交通运输规划与管理学科的发展正逐渐呈现出多学科交叉的特色和优势。

《交通运输规划与管理研究系列》丛书的顺利出版，标志着交通运输规划与管理学科建设又达到了一个新的高度。在此衷心希望交通运输规划与管理学科团队继续振奋精神，努力创新开拓，坚持"理论上有一个高度，应用上有一个落脚点"的发展模式，在理论研究层面能密切跟踪当前国际学术发展前沿动态，并与之相接轨；在应用研究领域，能与海事领域具体应用密切结合，切实解决重大海事管理与规划问题，力争成为国内海事规划与管理领域不可或缺的思想库、专家库、技术库和成果库。

上海海事大学校长

於世成　教授

前　言

近年来，在国际航运业快速发展的同时，船舶海上溢油事故的频发已引起世界各国的严重关注。据不完全统计，1973～2008年间，我国沿海共发生船舶溢油事故3000多起，溢油事故的频发不仅给人类、资源和环境带来巨大损失，同时在一定程度上也暴露出当前船舶溢油事故应急处置水平的落后。为此，为了减轻海运运营的风险，包括经济风险、环境风险和人命安全风险，国际海事组织(IMO)已经制定了《1990年国际油污防备、反应和合作公约》(OPRC1990)、《经1978年议定书修订的1973年国际防止船舶造成污染公约》(MARPOL 73/78)等，我国也制定了《中国海上船舶溢油应急计划》等，并要求船舶配备按照MARPOL的规定制定的"船上油污应急计划"报海事局审批，但是对于应急处置具体实施的效果却一直缺乏评估，在一定程度上存在着为编制而编制的问题。另外，对于溢油应急中组织方的行为的研究和评估偏少，这一现状极其不利于船舶溢油应急处置能力的提高，因此基于组织视角对船舶溢油应急处置展开科学、合理的评估具有一定的必要性和重要性。

本书共分为9章，研究思路遵循提出问题、理论综述、建立模型和实例分析这一主要脉络，具体分述如下：

第1章和第2章构成了本书的研究基础和理论综述。阐述了船舶溢油应急处置组织因可靠性评估研究的背景、意义、目标和方法；同时对相关理论的研究现状和不足进行了阐述。

第3章：对船舶溢油应急处置分阶段进行形式化描述，提炼出应急组织内的关键决策和应急组织间的关键联系。

第4章和第5章对组织的关键行为进行分析。其中第4章对组织内的关键决策利用群体决策分析的理论进行深入分析；第5章利用贝叶斯网络分析法和故障树建立了组织间关键联系的可靠性评估模型。

第6章：对组织的关键行为利用离散静态贝叶斯网进行组合并进行可靠性分析，在此基础上，给出了利用动态贝叶斯网对组合可靠性的时间敏感性进行分析的基本模型。

第7章:对船舶溢油应急组织的构成方式进行了分析和优化。

第8章:以上海港具有代表性的一例溢油事故,对该事件中组织内群体决策的可靠性、组织间一般联系行为的可靠性和组织间紧密联系行为的可靠性分别进行了计算,并对上述可靠性进行了组合计算,利用动态贝叶斯网对组合可靠性进行了时间敏感性分析。

第9章:对全书进行总结,提炼出全书的创新点,并对全书中存在的不足进行了分析,对后续研究进行思考和展望。

本书研究的成果主要为:建立了基于组织视角的船舶溢油应急处置可靠性评估体系,有机集成了个体决策偏好、群体决策因素、事故情境因素、环境因素和主体特征,实现了各类组织因可靠性的界定和衡量。与此同时,通过对群体决策、朴素贝叶斯模型和故障树等传统经典决策技术的应用性完善,揭示了船舶溢油应急组织内部群体决策行为和组织间指挥与协调联系行为的偏好,并实现了定量标定,为进一步提升船舶溢油应急组织的效率与成效提供了有价值的参考依据。此外,通过对以影响因素为叶节点,影响结果为根节点的朴素贝叶斯网络中的强弱因果关系的识别,依托强因果关系简化了网络,大大降低了算法复杂度。

希望通过上述研究工作,为科学评估船舶溢油组织因影响提供理论依据和借鉴,从而减少应急反应过程中不必要的组织方失误,有效提升船舶溢油应急处置能力。

本书的研究得到了国家自然科学基金的资助,项目编号为70673060,本书的出版得到了上海市重点学科建设项目的资助,项目编号为S30601。在此,深表感谢!

王立坤

2011年1月

目　　录

第1章 绪 论

1.1 选题背景

近年来,海上石油运输量持续增长。根据 Drewry 的报告[1],从 2004 年到 2008 年,全球原油海上运输量分别为 18.57 亿 t,19.36 亿 t,19.86 亿 t,20.1 亿 t 和 19.76 亿 t,平均增长率达到 1.59%,成品油海上运输量分别为 6.11 亿 t,7.15 亿 t,7.59 亿 t,7.89 亿 t 和 8.04 亿 t,平均增长率为 7.26%。而我国是当今世界第二、亚洲第一大石油进口国,且进口石油的 90%需通过海上船舶运输完成[2]。随着油轮密度的增加及超大型油轮的频繁出现,我国沿海水域原已十分繁忙的通航环境变得更加复杂,船舶溢油事故风险不断加大。据中国海事局烟台溢油应急技术中心提供的数据[3]显示,1973～2008 年间,我国沿海共发生船舶溢油事故 3000 多起,其中 50t 以上重大船舶溢油事故 78 起,总溢油量 4.5 万 t,平均每起事故溢油量约 537t。其中,2006～2008 年[4]沿海发生船舶溢油污染事故分别为 124 起、107 起和 136 起,总溢油量分别为 1216t,850t 和 155t。从上述资料可以看出,我国沿海溢油量总体呈增长的趋势,因此,防止船舶溢油污染,保护海洋生态环境和资源的任务非常艰巨。

船舶溢油将会带来严重的健康和环境危害。新鲜溢油中的苯及其衍生物会对人类健康带来危害,油的易燃易爆的物理特性更会对安全造成威胁,而溢油进入海洋后,对自然环境、水产养殖、浅水岸线、码头工业等都会造成不同程度的危害。通常 1～100mg/L 的浓度将使大部分成体海洋生物致死,0.1～1mg/L 的浓度将使幼体或胚胎生物致死[5],特别是油污染中的各种有机烃类被生物吸收后都不易被分解,因此严重的油污染对生态环境的危害往往会持续多年。

经验告诉我们,在溢油事故发生后,高效科学的应急处置能将溢油危害降到最低。比如:2004 年的"12·7"事故[6]中,由于两艘外国籍船舶在珠江口发生碰撞,船上 1200 多吨燃料油泄漏入海,造成迄今为止发生在我国沿海水域溢油量最大的一起船舶污染事故。当时,在广东省政府的大力支持下,以广东海事局为首的 32 家单位,包括上海、连云港的相关部门团结协作,成功地控制了油污扩散,取得了显著的效果。但是,如果在应急处置过程中存在问题,也会导致情况恶化:比如 2002 年的"威望号"事件。在"威望号"船长发出油轮遇到台风事故报告后,西班牙政府在应急处置决策中反应迟钝,并做出了错误的决策,政府要求船长将油轮驶离海岸线，而此时船长认为正确的做法应该是将油轮拖入最近的海湾卸货维修。正是由于政府和船方在决策中的沟通不良导致了政府没有做出正确的决策，从而发生溢油事故，并造成经济损失3亿欧元。

由上述例子可见，第一，应急救援组织合作与否是影响应急处置效果的重要因素之一。应急组织正确的决策、各种组织之间良好的沟通和有效的指挥控制将是成功的应急处置的有力保障。第二，船舶溢油事故与公路运输事故、航空运输事故有一定的区别。一般而言，公路运输事故和航空运输事故发生在瞬间，对于事故本身的应急反应救援时间较短。但是，海事船舶溢油事故发生后，回转余地较大，如果采取措施适当，则可以较大地降低事故对环境和经济的影响。

为了减轻海运运营的风险，包括经济风险、环境风险和人命安全风险，国际海事组织（IMO）已经制订了《1990年国际油污防备、反应和合作公约》（OPRC1990）[7]、《经1978年议定书修订的1973年国际防止船舶造成污染公约》（MARPOL 73/78）[8]等，我国也制订了《中国海上船舶溢油应急计划》[9]（以下简称《预案》）等，并要求船舶配备按照MARPOL的规定制订的“船上油污应急计划”（以下简称《计划》）报海事局审批，但是对于应急处置具体实施的效果却一直缺乏评估，在一定程度上存在着为编制而编制的问题。因此，本书拟以上述《预案》和公约为指导，从组织的视角出发，评估应急处置与预案的符合程度，挖掘组织在应急处置中存在的问题，分析如何提高组织在应急处置中的效率，从而为进一步完善预案和提高我国船舶溢油应急处置能力提供科学的参考。

1.2 研究对象界定

1）船舶溢油应急处置

本书对“船舶溢油应急处置”界定的根据是《OPRC1990》、《MARPOL 73/78》、《预案》以及《计划》。

定义1.1 船舶：海上150总吨及以上的油船和每艘400总吨及以上的非油船，不包括石油钻井平台、输油管道等。

定义1.2 船舶溢油应急处置：其时间范围为船舶发生溢油时刻起到溢油应急指挥宣布应急行动结束，处置内容为这段时间范围内《预案》所规定的船方和海事部门等的相关行动，不包括平时状态下对船舶溢油应急的设备购买、文件修订和事故演习等。本书中涉及的“应急处置”，“应急反应”和“应急救援”含义相同。

2）组织因

组织是个体的集聚体。船舶溢油应急处置涉及的组织较多，广义上包括溢油应急处置中涉及的所有关系方，如船方、溢油指挥中心、政府、环保部门、气象部门等。为了体现研究对象的主要矛盾，本书仅研究其中关键的组织。

定义 1.3　船舶溢油应急处置的组织：船舶溢油应急处置中涉及的主要的关系方，包括 6 类子组织部门：船方和船公司岸上部门、溢油应急指挥系统、海事部门、溢油应急清污队伍、溢油应急咨询专家组和应急成员单位。

定义 1.4　组织因：在船舶溢油应急处置中，对应急处置效果存在影响的所有与组织有关的因素。这里“组织因”和“基于组织视角”表述的含义相同。

3）可靠性

对船舶溢油应急处置组织因的可靠性界定的依据为是否符合上述公约、《预案》、《计划》以及行业内专家的判定。其中以公约、《预案》和《计划》规定的内容为主，若其没有规定或规定的内容不详则参照专家的意见判定。可靠度的范围为[0,1]，其中 0 为实际应急处置完全不符合《预案》等的要求，1 则为完全符合。

定义 1.5　船舶溢油应急处置组织因可靠性：指由于不同救助主体（海事管理部门、船方等）之间或同一救助主体内部不同救助个体之间的协调所造成的对应急处置效果的影响，表现为以《预案》、《计划》或专家认可的目标为标准，救助主体的行为与预案的符合度。

1.3　研究意义

1.3.1　理论意义

（1）基于“组织视角”进行研究，可以弥补目前船舶溢油应急评估体系中“组织因”的空白。

一般的系统由人、机、组织三个要素组成。目前对船舶溢油应急研究的重点主要集中在人因可靠性评估和技术可靠性评估，但是对于个体集聚的子组织和子组织之间联系的研究仍处于空白阶段。由于海事应急处置为不同子组织在危机情境下的合作，组织间联系和组织内的决策可靠与否将会对处置效果产生很大的影响。因此本书将从组织视角出发，探索个体的可靠性和子组织可靠性的关系，以及子组织之间联系可靠性衡量的定量方法，以弥补这一知识架构的空白。

（2）基于组织视角对应急处置进行“评估”，可以填补目前应急理论体系中“组织因评估”的空白。

完善的船舶溢油应急处置体系应该包括《预案》或《计划》的“制订—执行—评估”。因而，对于船舶溢油应急组织也应包括“制订组织行为目标—组织按照计划执行行动—基于组织视角对行动效果评估”。以 2001 年中国海事局制订的《预案》

为基础，目前我国各海事辖区、港口以及船舶已经基本配备相应的溢油应急处置计划，并在实践和演习中加以指导。但是，由于计划中对于组织行动的确定仍比较概要，对组织应急处置的效果缺乏相应的理论研究。因此建立船舶溢油应急处置组织因评估方法后，有利于对组织执行效果进行评估，挖掘组织执行中存在的问题，进而能对《预案》中组织的界定进行修正，对相关的组织科学地执行《预案》提出指导建议。

1.3.2 实践意义

1）有助于应急组织明确其在应急处置中的优势和劣势

2001年的《预案》制订的初衷是希望在突发事件应对过程中做到信息共享以及多部门联动，以提高相应的多部门协调合作的能力，减少突发事件带来的危害。但是，从实施的效果来看，其作用仍然存在不小的局限性。例如，当船舶在海上发生溢油事故时，船方内个体如何联合进行群体决策，做出事故报告行为？影响船方和海事部门联系关系的因素是什么？从这个方面而言，《预案》并没有给出明确的规定。因此，挖掘出影响救援组织内决策和组织间联系的关键影响因子，可以明确组织在应对突发事件时具备的优势和劣势，从而为强化应急管理工作注入新的动力。

2）有助于提高应急组织在应急处置中的成功率

目前《预案》对于应急组织的指导意义主要在于对组织的事前培训，但对实际事故中应急处置的组织关系方存在的问题缺乏总结，从而无法研究和设计海事应急预案的可靠性评价体系。而开展对应急系统可靠性的评价，有利于找出现有应急能力水平与期望水平之间的差距，并从实际情况出发，制订切实可行的改进措施，以提高海事应急预案系统的整体可靠性。

1.4 研究内容和方法

本书拟围绕船舶溢油应急处置涉及的组织，首先对船舶溢油应急处置的流程进行了形式化描述，在此基础上，将影响溢油应急处置效果的组织因素分为组织内群体决策和组织间联系，并分别对之进行可靠性分析，最后将上述两种因素进行组合评估。

本书共分为9章，分述如下：

第1章：绪论。介绍本书选题和研究的背景，分析本书研究的理论意义和实践意义，阐述研究的内容和方法，并明确研究的技术路线。

第2章：国内外研究综述。本章对国内外船舶溢油应急、组织内群体决策、组织间联系衡量方法和可靠性评价方法的研究现状进行阐述，并对研究现状的不足和空白进行分析。

第3章：基于组织视角对船舶溢油应急处置的流程进行形式化描述。首先描述船舶溢油应急处置的四个阶段包括事故报告、应急计划启动、应急方案制定和应急方案实施所涉及的组织内决策和组织间联系。在此基础上，利用集合论对船舶溢油应急处置进行形式化描述，抽象出对应的任务集、实体集和联系集；并利用社会网络分析法对关键联系进行识别。

第4章：组织内群体决策分析。船舶溢油应急处置决策一般由群体给出，在对应急处置群体决策的要素进行形式化描述的基础上，利用同质委员会，非同质委员会和层级模型等决策规则，给出溢油事故报告、溢油先期处置、现场查看、应急计划启动和清污方法制订等事件的群体决策偏好。

第5章：组织间联系可靠性分析。首先分析组织间紧密联系和一般联系的基本特征，在此基础上，对于一般联系，利用朴素贝叶斯网模型，构建以环境因素、溢油情境、事故船方主体特征为自变量，联系行为为因变量的因果关系网，并基于调查问卷数据，从连通性、效率和效果三个角度对联系行为进行评价，明确影响一般联系行为的关键因素和各因素影响下的联系行为偏好；对于紧密联系，构建导致联系失效的故障树模型，得出紧密联系的可靠性。

第6章：组织因可靠性组合。以组织内群体决策的可靠性和组织间联系的可靠性为父节点，以整个组织的可靠性为目标节点，构建离散静态贝叶斯网，给出组合可靠性的一般公式；在此基础上，给出利用动态贝叶斯网对组合可靠性的时间敏感性进行分析的基本模型。

第7章：船舶溢油应急组织的构成分析和优化。主要对应急组织中的两个问题进行研究：当决策组织下达命令后，执行组织是应该同时执行命令还是按时间连续执行命令？在此分析基础上，进一步分析涉及个体、资源、任务因素时，对组织的行动即完成溢油清除回收的时间和情况的影响。

第8章：实例评估。首先给出上海港具有代表性的一例溢油事故，对该事件中组织内群体决策的可靠性、组织间一般联系行为的可靠性和组织间紧密联系行为的可靠性分别进行计算，并对上述可靠性进行组合计算，利用动态贝叶斯网对组合可靠性进行时间敏感性分析。

第9章：对全书进行总结，提炼出创新点，并对本书中存在的不足进行分析，对后续研究进行思考和展望。

本书研究的内容和方法如图1-1所示。

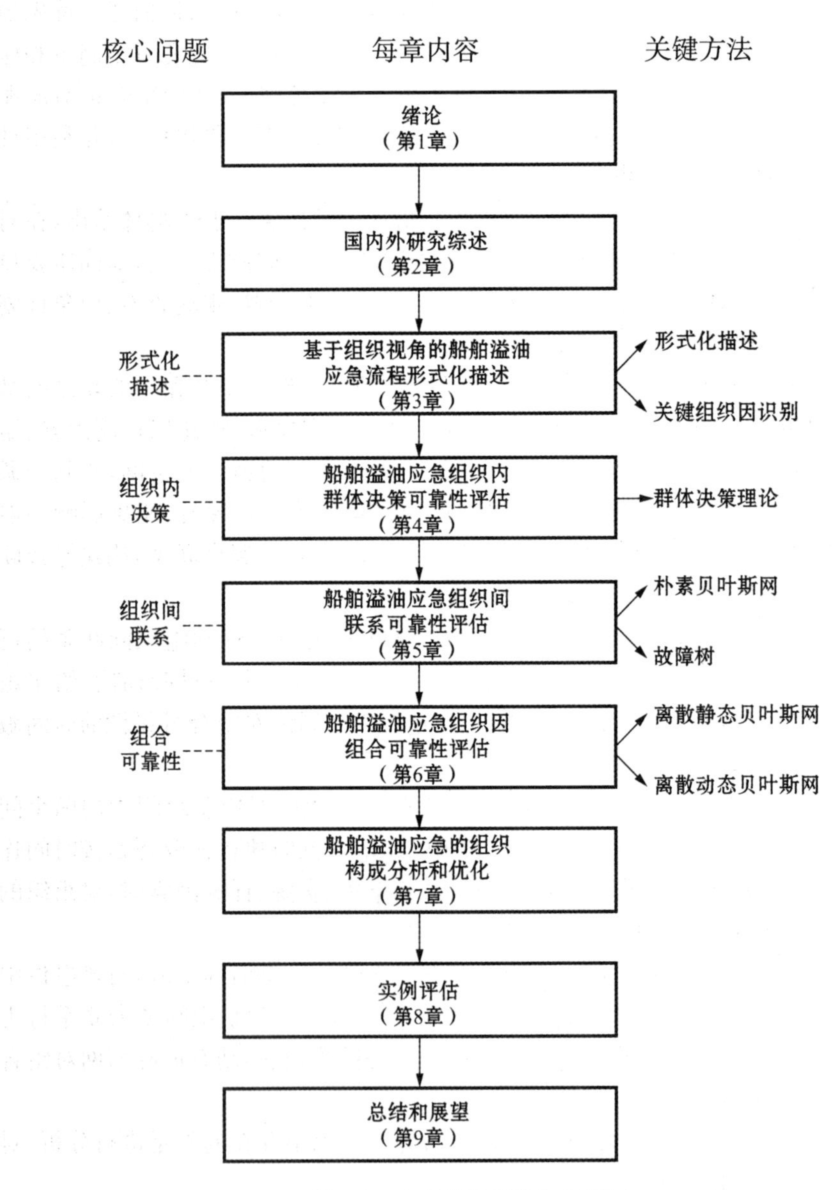

图 1-1　本书研究思路和框架图

第2章　国内外研究综述

2.1　船舶溢油应急研究现状及展望

2.1.1　国外研究现状

1) 海事风险评估

国外的研究较多，主要是针对导致船舶发生碰撞、搁浅、溢油的原因进行评价。其中一些专家也借助专用软件来评价海事风险，Friis Hansen 和 Simonsen (2002)[10]利用软件对船舶碰撞损坏程度和结果进行分析，进而提出在船舶设计阶段可以采取一些措施来减轻风险。在对船舶避碰风险进行研究时，还需考虑港口的情况，K. Hara[11]利用故障树对港口交通环境的风险进行评价，A. G. Bruzzone 等[12]利用仿真的方法模拟不同情形下进出港口的交通流情况。

J. R. W Merrick 等[13](2002)对 1989 年 Exxon Valdez 船在 Prince William 港湾的溢油事件进行评估，这是一起对环境破坏极大的溢油事件。研究方法为利用系统仿真对事件的概率风险进行评估。

Guedes Soares 和 Teixeira[14](2001)对过去 30 年海事风险估计的不同方法进行了综述。

Iakovou[15](2001)基于网络建立了交互式的多目标模型，对石油产品的海运风险和路线提出了建议。用户可以通过互联网登陆“交互的油品运输模型”(IOTS)，对运输情况进行描述，模型会给出相应的风险和成本组合最优化的决策。

从以上的综述可以看出，海事风险研究倾向于对碰撞和搁浅的风险进行评估，对减轻风险的措施进行研究，这些措施主要包括改善船舶设计和应用合适的政策技术方法。

2) 海事预警评估

L. H. J. Goossens 等[16]利用故障树对荷兰 VTS(Vehicle Traffic Service)系统的有效性进行评价，故障树的节点是决定安全系统有效性的相关因素。荷兰运输部曾进行了海运船舶安全(POLSSS)的研究，对荷兰水域船舶交通的管理进行评估，van Urk 和 de Vries[17]通过对水运关系方进行调查，对当前荷兰水域安全的水平进行了评估，提出对于同样的事故处理，可能存在不同的政策和措施，Walker[18]对不同风险控制政策的成本效率进行了分析，Wang[19]在决策海事过程中，利用风险和成本效益分析，这项方法已被国际海事组织采用。van der Meer 等[20]研究了海上人员遇难时，影响海事搜救(SAR)成功所涉及的变量。Lisa(2007)[21]在 van 研究的基础上，利用贝叶斯网对海事搜救活动的影响因素进行了分析。

Steven[22](1997)通过对 10 例分属不同类型的溢油事故(油库溢油、船舶溢油、海上平台溢油、输油管线溢油等)的研究，得出了 9 个安全函数：即计划和资源、计划的执行、监控和规避措施、初步的遏制、早期的检查、早期的恢复、危害的拦阻、危害物的回收拦阻、危害物的后期回收。该文还通过事件树(ETA)对产生溢油的原因进行了分析，找出了导致溢油的薄弱环节。该项研究对于溢油应急预警系统的报警有很好的启发作用。

Belardo，Charnes，Conard[23](1984)从溢油突发事件的响应及防治战略的高度，宏观确定了溢油应急中的重要问题：突发事件应急计划的制订、响应设备的合理布防及优化、响应设备数量的合理确定等问题，其目的是平衡应急的成本和应急的效果。

Harilaos N. Psaraftis[24](1982)从溢油响应战术角度研究了溢油突发事件应急过程中必须采取的组合行动的实施步骤，诸如各种类型溢油响应设备应该依据何种顺序进入突发事件的发生地点或响应地点，或每一类型溢油响应设备应该在事故现场工作多长时间或工作到什么程度。

3）溢油处理技术

Daling，S. Per，Indrebo，Geir[25](1996)在为期四年的 ESCOST 项目研究中，对溢油应急处置中溢油清除技术和优化措施进行了研究。该项研究在对海上溢油风化和溢油分散剂进行系统的调查的基础上，得出了油品乳化和风化的行为公式，并设计了动态溢油模拟工具，提出了具有成本效益优势的分散技术方法。

P. Sebastião，C. Guedes Soares[26](2006)在经典的溢油扩散模型的基础上，对溢油预测模型的输出结果的标准方差进行计算，从而对溢油轨迹预测的不确定性进行了研究。该文利用 1989 年在葡萄牙西南海岸附近发生的溢油事故的数据，经过分析，发现模型能够很好地区别风力作用下溢油离岸趋势和潮流作用下的向岸趋势。

Ventikos[27](2004)在对溢油应急反应的操作程序和相应的设备(吸油器、撇油器)介绍和对溢油应急的重要特性分析的基础上，建立了溢油应急反应决策支持库。该文对不同的情境进行归类，并建立了与之对应的标准溢油扩散预测模型。其研究的最终目标是建立反应快，成本低的溢油反应决策系统，以对实践应急提供支持。

C. Richardson[28](2005)主要对国际溢油应急反应队伍进行了介绍，对全球溢油反应设备的利用率进行了调查。其中溢油应急反应组织如 OSRL 和 EARL 为非营利组织，并对全球范围内的应急行动负责。

Boben, Mark[29] (2005)对中国渤海环境服务公司(BES)的设立背景和行动组织进行了介绍。渤海湾区域是海上石油开采和生产基地，2000 年，区域相关石油公司联合成立了中国离岸石油公司 CNOOC，以发展溢油应急反应能力。到 2002 年，CNOOC 建立起以国际标准为原则的溢油反应组织(OSRO)框架，并成立了商业应急组织 BES。该文主要对离岸石油公司溢油应急反应的要求和相应的反应操作进行了介绍。

2.1.2　国内研究现状

王捷[30] (2007)通过对海事应急管理重要性的研究，阐述了借助海事应急管理模拟指挥系统的训练来提高海事应急处理能力的必要性，提出了海事应急管理模拟指挥系统培训项目的开发步骤和开发元素。

上官好敏[31] (2007)结合山东海事局的具体情况，指出应急指挥系统主要包含指挥中心、应急实力(如巡查执法支队、巡视船、救助船、救助飞机、海事执法车等)、现场的各应用系统，其核心系统是指挥中心的指挥调度系统。并具体分析了应急指挥系统的层次、流程、功能需求和组成。

张志颖[32] (2003)总结了美国现行的海上溢油应急反应体系和防污基金的建立和管理，提出了建立中国防治海上溢油防污基金的设想。

孙新文[33] (1996)对海洋污染防备和反应体系，包括政府组织、防备和反应体系、法规政策以及国际合作等作了介绍。

张新星[34] (2006)认为影响我国油污应急反应体系的主要因素包括：油污应急计划、应急组织指挥系统、油污应急防治设备、应急防治队伍应急能力和体系运行保障等。该文运用模糊数学方法对我国现行的油污应急反应体系给予了恰当的评估。

肖景坤[35] (2001)对船舶溢油风险进行了评价。该文讨论了我国海上船舶溢油事件发生次数的概率特点，建立了溢油量的灰色拓扑分析预测模型，探讨了船舶自身因素、环境因素以及人的因素在船舶溢油事件中的地位和作用，并利用人工神经网络建立了溢油危害预报系统。

施益强[36] (2007)认为海上溢油事故应急反应系统的总体框架包括溢油信息收集子系统、溢油模拟子系统、环境与资源信息数据库、溢油应急指挥中心和溢油应急处理子系统。

阚兴强[37] (2006)结合“凯旋”轮溢油的具体案例，对海事应急反应行动进行了分析。其中对于应急组织提出的问题包括：辖区缺乏专业救助力量，海事部门、社会综合力量和清污主体在协调和沟通上存在现实问题。但文章只是对现实情况作了一般介绍，并没有进行深入的理论分析。

郭秀斌[38]（1994）应用 Fay's 三阶段理论，建立了海面溢油的扩散和蒸发模型，并在考虑了风、海流（潮流）影响因素的情况下，对溢油的漂移模式进行了讨论。该文对原油在大连湾内的溢油情况进行了模拟，得到了较为满意的结果。

赵谱[39]（2009）对船舶溢油量评估方法进行了分析，结论表明，波恩协议评估对溢油现场的数据采集准确，但仅考虑了现场海域；而卫星遥感技术虽然考虑了所有海域，但是采集的数据要延迟于事故发生时的数据。

2.1.3 不足和发展趋势

由以上的综述可以看出，目前对船舶溢油相关问题的研究，有以下的特点：

1）对溢油扩散模型的研究已经到达一定的深度

目前的溢油扩散模型主要集聚了物理、化学和数学特性，通过仿真模型能比较准确地预测油面扩散的趋势，从而对溢油应急的行动具有一定的指导作用。

2）对船舶溢油应急行动的研究局限于技术层次

尽管 API，IMO，IPIEGA，MMS，NOAA 每年都会联合召开国际溢油会议，会议发表的文章也会对溢油应急现状进行大量介绍。但其文章的内容大多数局限于具体实践情况下的操作流程和设备的使用方法，而缺乏对溢油应急反应的共性进行形式化描述，未对其中的关键流程和关键行为进行提炼和分析。

3）对溢油应急组织的研究局限于架构布局

船舶溢油应急组织一般为海事部门、政府、船方等组织在紧急状况下，临时组合形成的新组织。应急组织在特定的时间、特定的情形下须完成特定的任务。目前大部分文章虽对应急组织的组成架构、职权责任进行了划分，但对于溢油应急临时组织运行的可靠性并没有相关的研究。

2.2 组织群体决策研究现状及展望

2.2.1 国外研究现状

群体决策包括社会选择和集体决策，研究的内容主要包括影响决策的因素、决策规则制定、决策者权利指数分配、决策结论集聚和优化方法。

经典的社会选择的决策规则的理论代表有：Arrow[40]（1963）认为，理想的集结规则应满足 2 个公理以及完全性、一致性、无关备选的独立性、Pareto 原则和非独裁性等 5 个条件，并由此提出了著名的 Arrow 不可能定理。May[41]（1952）则提出了决定性、不记名、中立性和正向反应等 4 个条件。

集体决策需要研究怎样的决策规则能够充分利用群体成员的决策资源作出最佳决策，决策规则包括同质和非同质权力指数确定。比较经典的非同质决策权力的理论包括：Shapley-Shubik 权力指数[42]、Banzhaf 权力指数[43]等。近来对权力指数的进一步研究较多，比如 Laruelle Annick(2001)[44]利用条件透明公理，在超加性规则领域重新推理了 Shapley-Shubik 和 Banzhaf 权力指数；Freixas Josep[45](2005)研究了多层输入输出的投票系统，即系统中有 2 个以上的成员，系统的输入和输出均配有 2 个以上的替补，该文在 Shapley 和 Dubey 指数的基础上进行了深入的推理分析。

群体规模、群体成员间的交流会影响群体决策的可靠性。T. Watson Richard[46](1994)认为群体支持系统(GSS)的设计应基于组织文化，而组织文化一般由组织信仰、价值、规范和结构组成。该文讨论了影响群体支持系统的另外三个核心要素，即群体大小、成员接近度、任务类型。E. Daniel, O'Leary[47](1998)指出群体的大小是影响群体行为的重要变量，尤其是在小群体情况下。Karl E. Weick[48](1995)在书中系统地介绍了意识决策的概念、特点和组织中的意识决策等，该书还对最小规模的意识结构进行了分析。

Bordley[49](1982)从公理化的角度导出了专家群体评估概率乘积公式。Morris[50](1983)回顾了如何利用经典 Bayesian 公式对多参数，特别是具有先验分布的参数进行群体决策。该文还结合数据对计算结果的误差和置信区间进行了分析。

P. L. YU[51](1973)在给定的决策空间上定义了群体效用函数集。该文以乌托邦为群体示例，指出了群体决策的缺陷，即群体决策随差别函数的变化而变化。作者从理性的角度研究了群体决策的属性，并给出了在给定距离函数下，使得群体决策缺陷最小的解决方案。

Raaj Kumar Sah[52](1986)认为经济系统中个人判断存在误差，误差表现为拒绝好的项目和接受了差的项目，而群体决策会改变个体决策的误差，其结果主要受组织架构(即决策者如何聚集在一起，如何采集信息，如何相互交流)的影响，该文对具体影响情况也进行了定量分析。

Sara Kiesler[53](1992)对先进的计算机和通信技术对群体决策的影响进行了分析和文献述评。实验室结果表明基于以计算机为媒体的讨论比面对面直接交流要延迟信息；现实中高科技通信将带来工作时间的重新分配，外围工人参与优势的增加和群体组织结构的复杂化。

2.2.2　国内研究现状

魏存平[54](2000)对群体决策研究的历史和现状进行了评述，给出了群体决策的定义和基本假设，将群体决策的偏好集结分为个体决策偏好、概率偏好和模糊偏好三种集结类型，并对这三种不同的集结模型进行了探讨。

曹永强[55]（1994）认为群体决策可以分为两种类型：个体之间存在利益冲突的群体效用/社会选择问题和个体之间没有利益冲突的集体决策问题。该文认为这两类群体决策问题存在着本质上的差别，在解决方法上也有所不同。对于前者，方案的优劣完全取决于组成群体的个体偏好和相互之间的利益协调，所采用的基本方法是协调和集合个体的偏好和主张，例如协商对策理论、效用理论和社会选择理论；对于后者，存在着客观上最优或正确的方案，因而可以在考察个体方案选择正误的基础上，集合个体的意见。

李武[56]（2002）对群体决策的决策规则、权力指数、群体规模的研究进行了述评；在另一篇文章中，李武[57]（2002）从二分群体决策的角度讨论了 Arrow，May，Nitzan 等提出的群体决策规则约束条件的合理性，认为非独裁性条件、不计名条件、Pateto 条件等并不完全适用于二分群体决策。该文还重新界定了方案对称性，并指出只有在二分群体决策满足方案对称性时，中性条件才是合理的。

杨雷[58]（2007）研究了在不完全信息、多指标条件下，利用个体决策结果形成群体一致偏好的方法。在大多数情况下，群体决策成员只可能给出决策的不完全信息，而从个体的偏好结果到形成群体一致排序需要求解一组线性规划。该文认为群体成员对方案成对辨优的结果，提供了一个方案优于其他方案的偏好强度信息。其中偏好集结过程考虑了决策成员的偏好净强度和决策成员权重信息不完全的情况，从而给出了能够平衡决策时间、决策质量和决策者负担三方面要求的群体决策集结方法。

刘树林[59]（2003）就群体大小对群体决策可靠性的影响进行了综述，并认为群体大小是影响群体决策可靠性的重要因素，而且群体决策的可靠性随群体大小的变化呈中间高两头低的“n”形曲线变化。

邱菀华[60]（1995）将专家的决策结论的不准确性用决策熵来测度。该文认为专家决策熵越小，决策水平就越高，因而可用决策熵较小的专家来替代决策熵较大的专家，以降低群组熵，优化群组决策水平。

徐选华[61]（2008）将单方案大群体决策方法推广到基于多属性的多方案大群体决策中，由此获得了大群体偏好矩阵。其主要思路是利用熵权法获得各个属性权重向量，再将各个属性权重向量和大群体偏好矩阵进行合成，获得各个方案的综合评价值向量，由该向量中的综合评价值得出各方案的综合排序结果。该法能够较好地解决多属性多方案大群体决策问题。

2.2.3 不足和发展趋势

综上所述，国内外对于群体决策的研究在理论上已取得了一定进展，并在不断地深入和应用中。结合本书的研究内容，可以发现目前已有的研究有以下两点不足：

1）群体决策理论的应用目前主要集中在经济领域

目前的群体决策研究主要应用在经济领域。比如当投资方案的经济效益有明确的界定时，可以利用已有群体决策方法对最优方案进行筛选。群体决策在应急领域的研究甚少。而在应急决策实践过程中，往往正是组织群体决策对应急方案进行选择。因此将群体决策理论引入应急决策领域，对于丰富群体决策的理论架构深度和知识应用广度，具有一定的实践和理论意义。

2）群体决策在应急领域的应用仍需进一步深入

海事溢油应急指挥决策和正常企业管理的决策一样，由个体在一定的规则下集聚为群体，进行相互交流，再对应急方案进行选择。为了规避个体决策风险，在实际操作中，应急方案往往只能由群体通过开会或讨论得出。但对应急状况下群体决策组成、决策者权力分配权重、决策规则的研究目前几乎处于空白，需要进一步研究和深入。

2.3　组织间联系衡量方法的研究现状及展望

2.3.1　国外研究现状

1）社会网络分析

社会网络分析的研究包括整体网络分析和自我中心网络分析。目前常用的社会网络分析软件包括 UNICET[62] 和 Pajek[63]。

整体网络分析通过个体间联系的频率来分析整体网络的特性。Scott[64]（1991）对社会网络分析提出了大量概念和方法来观测结构类型，鉴别相互关系的类型，分析网络成员之间的行为结构的内涵以及社会成员之间的社会结构。Linton Freeman[65]（2008）为整体网络分析的代表人物。整体网络分析利用簇、桥、紧密性、中距性、中心性等指标来衡量整体网络结构；利用明星、联络人、孤立者、结合体和小集团等概念来衡量个体在网络中的不同特点。

自我中心网络分析利用网络的范围、网络的密度、网络的多元性和强弱联系等指标来衡量个体行为受人际网络的影响，进而研究社会团体和人际网络的形成。Granoveter[66]（1985）提出了嵌入性概念，认为存在紧密社会投资的强连接会比弱连接对人们确认信息的有效性更有帮助；Burt[67]（2000）提出了闭网络和结构洞概念，认为在封闭的网络结构中，成员之间的长期交往和互动有利于信息的获得；结构洞的出现会影响信息的传播和扩散，而处于结构洞中心的人可以获得更多的机会优势和控制力。

Sergio E. Quijada[68](2006)对突发事件下的应急指挥控制组织系统进行了仿真和分析。该文利用社会网络分析构建了突发事件下应急救援系统组织间关系网，并利用系统动力学模拟突发事件情景，在动态模拟的情景下分析了组织网络的特征变化。

Gerald B. Hinson[69](1994)对突发事件下“高可靠反应组织(HRRO)”进行了分析。该文以突发事件，如地震、洪水和飓风等为情景，利用社会网络分析对宏观应急组织和微观应急组织分别进行了分析。该文的数据采集利用了电话调查问卷，评价指标则选取了经典的社会网络分析指标，包括连通度、中心度等。

2) 组织间的联系的衡量指标和方法

Newman[70](2001)建立了加权科研合作网络，其中网络的边权重反映了科学家之间论文合作关系的强度，其中 p 为论文编号；n_p 为论文 p 的作者数；如果 i 是论文 p 的作者之 ，δ_i^p 等于1，否则 δ_i^p 等于0；边权重 $w_{ij}=\sum_p \delta_i^p \delta_j^p/(n_p \quad 1)$，$i \neq j$ 。Poole, M. Scott[71](1997)也曾将此公式用于对组织之间沟通的信息的表达。具体内容可参见杨波[72](2007)。

Li 等人[73](2005)提出了另一种边权重的定义方式，他们把科学家之间的科研合作关系分为三种形式，包括论文合著关系、引文关系和致谢关系，三者共同构成了科研合作关系强度即边权重，其中 u 取$\{1,2,3\}$分别对应了科研合作关系的上述三种形式的编号；α_u 刻画了第 μ 种形式的关系对权重的贡献因子，对上述三种形式的关系其取值依次减少；T_{ij}^u 为节点 i 和 j 之间第 μ 种关系出现的次数。其具体定义为：$w_{ij}=\sum_{ij} w_{ij}^u=\sum_u \tanh(\alpha_u T_{ij}^u)$ 。

YJB 模型是由 Yook 等人[74](2001)提出的，其中两个子模型分别被称为加权无标度模型和加权指数模型。两个模型中网络结构的演化分别遵循节点数增长和边以度数偏好连接的规则，以及节点数增加和边以等概率连接的规则，而边的权重则以与此边的节点的度数成比例的方式被赋值，并且一经赋值则保持不变。

就沟通信息质量方面的研究来看，Closs 等[75](1997)提出的测度量表几乎没有任何争议，而且后来的学者对信息质量的衡量均采用了他们的测度指标。他们提出测度供应链中企业传递信息的质量可以从三个方面来考察：信息能够及时被传递；信息能够准确被传递；信息采用合适的方式传递。

所谓沟通满意度即员工关于组织沟通环境的整体感觉。Downs[76](1977)最先提出沟通满意度不是一个一元的概念，而是一个多维的概念，并且证明它确实是研究组织沟通的一个有意义的、可衡量的工具。他提出的沟通满意度的主要维度有 8 个：普通的组织信息、工作信息、个人反馈、与上级关系、非正式以及平行沟通、与下属关系、渠道质量和沟通环境。Downs在这次研究中用来调查沟通满意度的问卷成为后来的学者研究沟通满意度的重要依据。

V·A·格兰古斯纳[77](1989)最早对组织内部信息传递进行量化分析,并对组织联系和组织幅度之间的关系进行了定量分析。

E. O. Wiley[78](1998)提出组织中联系的时效熵(entropy)可以用来衡量系统中纵向上、下级任意两个元素之间的联系,两个元素 i 和 j 间的时效熵 $H(i,j)=-p(i,j)\ln p(i,j)$ 。其中 $p(i,j)$ 为两个元素纵向关联实现转移的概率。

3) 指挥控制关系衡量

Carley[79](1996)提出了组织度量的最小元素集和链接关系:个体、资源、任务以及三个元素之间的链接关系,在此基础上,资源被扩展为物理上的资产、资金和知识。

Levchuk[80,81](2002)在对指挥与控制的适应性体系结构(Adaptive Architectures for Command and Control, A2C2)问题的研究中提出,标准组织设计流程(组织三阶段方法)就是对确定的任务流程进行资源的配置与部署,并建立组织的层次结构。

此外,在组织理论和组织设计研究过程中,很多研究学者还认为过多的组织内部协作会降低组织运行的效率,组织协作需求越少,则组织效率越高。因此,在进行组织设计时也尽量减少组织内部的协作,多设自治单元,以增强决策个体的自主性。如Duncan[82](1979)认为,如果组织由分布在各个任务区域的高度自治的单元组成,那么这一组织就具有较好的效能。Levchuk[83](1999)提出两个最小化定义:一个是组织中决策者之间的最大外部协作量最小化;二是组织结构上总的间接协作量最小化。

2.3.2 国内研究现状

1) 社会网络分析

刘军[84](2004)和罗家德[85](2005)分别在各自的著作中对社会网络分析的相关理论进行了全面的介绍。

张树人[86](2006)认为社会网络分析在组织管理中的应用有多个层次:通过对组织内部进行社会网络分析,可以发现组织中存在的问题;通过为组织网络建立网络动力学模型,可以预见组织演化的趋势,提高组织管理的自觉程度;通过对组织外在交互网络进行分析,可以挖掘出组织的角色定位,发现组织发展的空间,实施组织的战略管理;通过对引进信息技术或其他组织管理措施的前后分析比较,可以对实施各种组织管理措施进行过程控制和量化测评等。

殷国鹏[87](2006)认为由于隐性知识是在人与人的协作、交流中传播和创新的，因此以 IT 为基础的知识管理系统难以对其有效管理。他以中国人民大学经济科学实验室为案例进行了如下研究:通过问卷调查收集数据;绘制组织内部信息沟通、咨询、知识传播等社会关系网络;定量分析网络结构以发现阻碍知识传播及创新的问题。

2）组织间联系的衡量指标和方法

钱小军等[88](2005)采用调查问卷结合探索性的因子分析,通过将相关度较高的变量分组,来体现组织沟通满意度的因子。另外选用 Spearman 相关系数来研究沟通因子与工作满意度之间的关系,因为它适用于对等级数据作相关性分析。

马连杰[89](2004)强调了信息与知识的沟通和共享机制对组织决策的集权与分权产生的根本性影响。该文重点分析了三个重要因素,即决策信息、组织信任和自我激励对组织决策的集权与分权的影响,并根据组织决策信息流程,提出了决策集权和分权的三阶段模型。

王英[90](2000)、何蕾[91](2006)提出了“信息通道”的概念来描述组织联系和衡量组织效率。信息通道是指两个组员之间的信息联系(或信息沟通)关系。

王意冈等[92](1998),王春江等[93](1997)通过对组织间的流程进行分析,构造了 Petri 网,从而可以分析组织信息传递的效率。

宋华岭等[94](2003)应用物理学、数学、力学、信息论、统计学和管理学等理论方法,提出了管理力、管理功和管理复杂度的概念、定义、基本原理和研究范围。基于管理熵理论的原理,建立了企业管理系统复杂性评价的新尺度和评价方法,构造了尺度的矢量空间、数学模型及量化模型,扩展了企业管理组织复杂性的研究范围,并进行了实例分析与验证。

齐欢[95](1999)将组织沟通网络转化为马氏链模型,定量地得到了组织中各成员的负担度量(或组织中的权力分配),从而为评价和改进组织结构提供了依据。但该方法还是侧重于对组织中的节点进行分析。

岳建波[96](1999)的研究主要包括信息的时效性、真实性和完整性。信息的时效性是区别及时信息和滞后信息的标准;信息的真实性是区别真实信息和虚假信息的标准;信息的完整性是区别完全信息和不完全信息的标准。

严文华[97](2001)主要介绍了 20 世纪 80 年代以来国外组织沟通的研究概况。组织可以通过守卫者、促进者或边界管理者等对信息流进行控制。其中员工的组织沟通满意度受管理沟通风格、上下级关系、沟通开放性等多种因素的影响,而在组织冲突中,沟通是解决冲突的重要手段和方法。

3）指挥控制关系衡量

阳东升[98](2004)概括了组织描述研究的方法和理论,分析了这一研究领域的难点和重点,并在计算组织适应性理论和分阶段设计理论的基础上提出了一种组织的分层描述思想，定义了组织核心元素：组织、目标、决策实体、平台和环境，以及四个链接（平台-任务链接、决策实体-平台链接、决策实体间链接以及组织-环境链接），通过这五个元素和四个链接来描述组织模型和组织行为，并基于这一思想对组织适应性过程给出了数学描述。

杨世幸[99]（2009）认为在分布的网络环境下，战场的快速反应需要在分布作战单元间建立一种指挥关系自同步的机制，以实现对战场作战力量的快速构建与重组。在这一指导思想下，给出了基于协作与负载的指挥关系描述，提出了基于协作与负载的指挥关系设计内容与目标。

刘蜀[100]（2009）为了解决如何对驱护舰指挥关系的优化进行定量分析，以指挥组织结构的时效性和准确性为测评指标，建立了基于熵理论的优化分析数学模型，并对现有的两种指挥关系进行了定量计算分析，得到了与定性分析相一致的结论。指挥组织结构的时效定义为在某一种指挥关系下，信息在指挥组织结构各元素间的传递过程中，信息流通过时点的效率；指挥组织结构的时效熵反映了时效性的不确定性；质量熵为信息在指挥组织结构各指挥节点中流通时准确性大小的测度。

目前C2 (Command and Control)组织的协作性是信息化战争研究中的一个热点。常树春[101]（2008）利用“社会网络分析方法”，对C2组织的指挥控制关系网络模型进行了“n-宗派”分析，有效地揭示组织的子结构特征以及定量地研究组织的协作性。论文分析了指挥控制关系网络模型n-宗派中“n”的现实意义，设计了“宗派协作指数”和“组织协作指数”的计算方法和公式。

王磊[102]（2006）指出，在网络化作战条件下，传统的层次型C2组织限制了组织成员之间的信息交互，难以适应复杂多变的作战环境，影响了系统整体作战效能的发挥。他通过分解单个组织节点智能体（agent）的行为过程，结合网络化作战的概念，在引入信息流、指控流因素情况下，研究了在网络化作战中C2组织结构网络，并在分析组织网络探测信息/指控命令的传输和处理的基础上，提出了一种C2组织结构设计方法。该方法充分考虑了网络化作战探测信息共享以及指控命令协同，并将网络化作战C2组织的最优设计问题转化为C2组织网络中探测信息和指控命令的最小费用最大流问题。

2.3.3　不足和发展趋势

通过上述阐述，我们不难发现，当前在组织间联系衡量的方法主要局限于整体效率的测量，其主要不足和发展趋势主要可以总结为以下两点：

（1）研究侧重于组织整体效率的测量。从国内外文献可以看出，经典的社会网络分析和指挥控制系统C2理论均侧重于从宏观角度即组织系统的角度进行衡量；对于微观角度，衡量具体的两个组织子单元间的信息报告和信息传递的可靠性并没有相关文献。

(2) 侧重于对静态组织的研究。社会网络分析主要是作为静态的关系分析工具,目前动态的社会网络关系研究的方向是利用网络动态学、复杂网络理论结合社会网络分析的特点进行相关研究。而应急组织是一个动态的系统,并不符合复杂网络的基本特征。因此,如何对动态的非复杂网络应急组织进行形式化描述和评估,目前还欠缺相关的文献研究。

2.4 可靠性评价方法的研究现状及展望

2.4.1 国外研究现状

1) 故障树分析

可靠性技术中的故障树分析方法是一种用于复杂系统可靠性、安全性分析测试的新方法,故障树分析是以系统最不希望发生的事件—顶端事件作为分析目标,应用逻辑演绎的方法研究分析造成顶端事件发生的各种直接的和间接的原因,并用“逻辑门”(如逻辑或门,逻辑与门,逻辑非门等),将各个原因事件相联系,建立起一棵倒立的树状图形,然后应用概率统计等方法对这棵树,即称之为故障树的图形进行定性分析(寻求导致顶端事件发生的最小割集),以及定量分析(由基本事件发生概率评价顶端事件发生概率)。

波音公司的 Clifton A. Ericson[103] (1999)对故障树分析(fault tree analysis)的理论发展和实际应用进行了综述。H. A. Watson[104] (1961)在对美国空军的民兵发射控制系统进行研究后,首先提出了 FTA 方法,Dave Haasl[105,106]后来提出了故障树生成的方法和规则。Jerry Fussell[107] (1973)最早提出用 STM(Synthetic Tree Model)自动生成故障树,Fussell[108]则提出了自上而下割集生成算法 MOCUS,P. Pande 等[109]提出了从下而上割集生成算法。

在将故障树转化为贝叶斯网的研究方面,A. Bobbio[110] (2001)对故障树和贝叶斯网两种可靠性分析方法进行了对比。该文指出,任何故障树都可以转化为贝叶斯网(BN)。FT 的参数在转化为 BN 的参数后,可以利用 BN 的概率推理进行计算。FT 主要对二态问题进行研究,这些限制在 BN 中将不存在,因为 BN 可以表达任何两个变量之间的关系。该文最后以冗余多处理机系统为例,对故障树和贝叶斯网两种方法进行了对比。Bobbio 等(2003)[111]对故障树、贝叶斯网和 Petri 网三种技术进行了比较,说明了各种技术各自的优缺点。S. Montani 等[112]设计出 RADYBAN 软件,利用这个软件可以将动态的故障树转化为动态的贝叶斯网。这个软件在动态贝叶斯网的经典算法基础上,实现了一种模块化算法,可以将动态故障树自动转化为对应的动态贝叶斯网。Luigi Portinale[113] (2009)在对RADYBAN软件进行分析的基础上,对动态贝叶斯网的机理和优势作了进一步分析。

值得一提的是,下面几篇文章主要对故障树在海事领域的应用进行了分析:Nikolaos P. Ventikos[114]用事件决策树和FSA(IMO提出的方法)对溢油评估进行了对比,其在FSA的基础上,将事件决策树融合了情景驱动和Generic tree。K. Hara[115]利用故障树对港口交通环境的风险进行评价,A. G. Bruzzone等[116]利用仿真的方法模拟了不同情形下船舶进出港口的交通流情况。L. H. J. Goossens,等[117]利用故障树对荷兰VTS (Vehicle Traffic Service)系统的有效性进行评价,其中故障树的节点为决定安全系统有效性的相关因素。

2) 贝叶斯网络

Judea Pearl[118] (1986)首次了提出贝叶斯网络(Bayesian Networks),又称信度网、因果网或概率网。贝叶斯网络通过网络图形模式描述变量集合间的条件关系,借助贝叶斯网络可以揭示变量间的概率依赖关系,并对不确定性问题进行推理。

贝叶斯网络领域的研究[119]主要由三个方面构成:基于贝叶斯网络的学习、基于贝叶斯网络的推理和基于贝叶斯网络的应用。简略展开如下:

贝叶斯网络的学习分为网络结构已知,而数据完备或缺失以及网络结构未知两大类情况。在网络结构已知且数据完备的情况下,采用最大似然估计或贝叶斯推理对参数进行学习;在网络结构已知而数据不完备的情况下,采用期望最大化算法等进行参数学习;在网络结构未知而数据完备的情况下,采用启发式搜索算法进行结构学习;而如果网络结构未知且数据不完备,则采用结构EM算法等进行参数学习。

基于贝叶斯网络的推理一般分为精确推理(即精确计算概率值)和近似推理(即近似计算概率值)两个部分;当网络规模较小时,一般采用精确推理算法。J. Peal[120,121]提出了基于Poly Tree Propagation的算法,S. L. Lauritzen[122] (1988)和S. K. Andersen[123] (1986)提出了基于Clique Tree Propagation的算法,R. Shachter[124] (1986)提出了基于Graph Reduction Propagation的算法,R. Shachter[125] (1996)和R. Dechter[126] (1996)提出了组合优化问题的求解方法等。当网络规模较大时,一般采用近似推理算法,基于Monte Carlo基本思想和基于搜索的基本思想。其中,基于Monte Carlo基本思想的有J. Pearl[127] (1987)提出的Straight Simulation算法,R. D. Shachter[128] (1990)提出的Likelihood Weighting算法,Henrion M[129] (1988)提出Forward Simulation算法等;基于搜索基本思想进行研究的人包括M. Henrion[130] (1991)和Poole D.[131] (1993)等。

动态贝叶斯模型(OOBNs)是最近研究的趋势。Alexander Kuenzer(2002)[133]介绍了离散静态贝叶斯网络的基本概念、性质和推理的连接树算法。Kevin Patrick Murphy[132](2002)在其博士论文中对动态贝叶斯网在连续数据的学习中的建模进行了分析。该文首先介绍了隐马尔可夫模型(HMM)和卡尔曼过滤模型(KFM),动态贝叶斯网(DBN)可对 HMM 模型的随机状态变化空间进行描述;对于 KFM 模型,DBN 可以表示其任意概率分析,代替了线性高斯分析。该文将不同的 HMM 和 KFM 模型表达为 DBN,并对 DBN 模型的精确推理和近似推理进行分析,以及 DBN 如何从数据中进行参数学习和结构学习。动态贝叶斯网络的应用研究的文献非常多[134]。

贝叶斯网在海事领域的应用包括:Lisa Norrington,John Quigley[21](2007)等人分析了影响美国海事搜救系统可靠性的自然因素、人的因素、组织因素,并建立贝叶斯网,给出参数定义,但论文没有进行实证研究。Kaan Ozbay[135](2006)对公路交通事故清除时间建立了贝叶斯网模型,论文利用北维吉尼亚的交通事故数据作为实证研究基础。

当前国际上有多种贝叶斯网络建模分析工具软件,以下介绍比较常见的几种。BayesiaLab 是由 Bayesia 公司开发的产品,是目前最为成熟、完善的软件,采用图形化建模界面,操作简单直观,提供脚本以方便条件概率分布的设定,用户可以选择精确算法或近似算法,支持结构和参数学习,最重要的是该软件支持动态贝叶斯网络建模分析。Hugin Expert 包括一系列产品,自称是基于贝叶斯网络的人工智能领域的领先者,既可作为单个工具使用,也可集成到其他产品中。该产品支持面向对象贝叶斯网络展示。MSBNX 是由微软开发的视窗界面软件,易于操作,计算精度高,而且提供了 API 接口,供 VB 调用。但该软件只能对离散变量建模分析,用户不能选择推理算法,不支持结构学习和参数学习。Netica 是由加拿大 Norsys 公司开发的图模型建模分析工具,其主要特点是提供图形化的建模界面和概率参数展示界面,而且提供了 API 接口,供 Java 调用。GeNie 是由匹兹堡大学决策系统实验室开发的图模型处理软件,其采用图形化建模界面,操作简单直观,支持结构和参数学习,提供多种推理算法,但只能处理离散变量。该实验室还用 VC 开发了 API 接口 SMILE 以供调用。Ergo 是由 Noetic 公司开发的可视化建模分析软件,该软件功能比较单一,主要用于建立专家系统,节点的数目和状态空间的大小都有一定的限制。BNJ 是由肯尼索州立大学开发的开放源码 Java 视窗界面软件,兼容其他贝叶斯网络建模软件的文件格式,包括 Hugin Expert,Netica,Genie,Ergo 等[138]。

3) 其他方法

Ju Yanbing[136](2007)利用 Petri 网对交通事故救援动态过程进行了建模,利用对应的可靠性框图计算了其稳态可靠性。但是其相关指标的计算仍依赖于对各流程时间的数据采集。而在船舶溢油应急救援中,对于各流程时间的精确采集难度较高，因此，Petri 网构模虽可以对应急动态行动的抽象提供思路，但在具体应用的时候，对各个元件的数据采集仍需要其他方法进行支撑。

2.4.2　国内研究现状

1）故障树向贝叶斯网的转化

周建方等[137]（2009）在简要介绍了贝叶斯网络技术的基础上，通过大坝失效事件树分析、导弹发动机故障树分析以及汽车销售决策树分析 3 个实例，分别将事件树、故障树及决策树 3 种分析方法与贝叶斯网络分析方法进行了比较，并给出了事件树、故障树和决策树向贝叶斯网络转化的一般规律：即事件作为贝叶斯网络中的节点，根据事件之间的因果或影响关系将网络中的各节点用有向弧连接起来，并由已知数据或专家经验确定各节点条件概率表。结果表明贝叶斯网络具有处理多状态复杂模型以及双向推理的优点。

周忠宝[138]（2006）以事件树或故障树为基础，构建系统的静态贝叶斯网络模型，给出了后果概率计算方法，研究了一般系统重要度的概念和计算方法，提出了描述共因问题的显式模型、混合模型和隐式模型。

2）贝叶斯网

王连强[139]（2007）给出了安全动态风险评估实施的模型。他利用数据融合方法作为信息搜集的手段，利用 AHP 方法和贝叶斯网络模型来求取风险发生的后果及可能性的值，从而确定风险的优先级大小，并通过 IDS、网络管理系统、扫描系统等安全管理工具实现了风险评估的动态实施。

胡笑旋[140]（2006）提出了建立面向复杂问题的贝叶斯网建模流程，分为问题分析，模型设计与模型测试三个阶段。阐述了每个阶段所应完成的任务和解决方法，并在模型设计阶段，提出了将专家知识和数据融合的贝叶斯网构造方案。论文还总结了建模过程中的简化原则。

谢斌[141]（2004）将 BN 引入到可靠性分析中，提出了从故障树到 BN 的映射，并引入了区间贝叶斯网络（IBN），使得当部件故障概率是在一定的区间范围内取值的情况下，系统的可靠性分析也能够进行，克服了传统可靠性分析中只能分析计算单点概率值的局限性。

史建国[142]（2006）为了解决空战态势评估的建模和实现问题，提出了用模糊动态贝叶斯网络实现空战自动态势评估的方法，推导了离散模糊动态贝叶斯网络的推理算法，建立了空战自动态势评估的离散模糊动态贝叶斯网络模型并进行了仿真。

衡星辰[143]（2006）将扩展后的隐变量引入了 DBN 的演化过程中来建立马尔可夫模型，并给出了引入扩展后的隐变量的 DBN 结构学习算法框架，利用贝叶斯概率统计方法对后续时间片的充分统计因子进行了估计，并通过当前已存在的充分统计因子和估计的充分统计因子对基于时间变化的转移概率进行了分析。

冀俊忠[144]（2005）对客户的购物历史数据进行学习，得到基于贝叶斯网的客户购物模型，提出了一种基于概率推理的推荐算法。

3）应急系统评价

对于应急系统的评价方面，目前主要针对不同的应急系统有不同的评价指标体系。如黄典剑[145]（2006）提出的城市地铁应急能力评价指标包括：监测预警能力、社会控制能力、公众反应能力、紧急救援能力和资源保障能力。

张江华[146]（2007）选取灾前危机预防与预警能力、灾中危机反应与处置能力和灾后恢复与重建能力为一级指标，针对应急能力评估中专家判断的模糊性，引入了模糊层次分析法确定指标权重，并提出了用自信度改进 Delphi 法来确定重要性矩阵，最后总结出了基于模糊层次分析法的应急能力评估的一般步骤。

刘艳[147]（1999）从系统科学的观点出发，在讨论城市减灾管理与城市灾害环境及社会经济发展状况之间关系的基础上，提出了我国城市减灾管理综合评价体系的总体思路。

王绍玉[148]（2003）对城市灾害应急能力建设进行了论述，对城市灾害应急能力的内涵进行了初步探讨，并对应急能力建设的内容进行了论述，提出了评价指标及模型构建的思路。徐静珍[149]（2003）对城市居民灾害应急反应能力评价的内容、评价指标和评估方法进行了研究。

关于评估方法中权重的确定，姜启源[150]（1993），王莲芬[151]（1990）从不同的角度提出了一些方法，如专家调查法、层次分析法、群组决策特征根法、熵信息法和均方差决策方法等。以上方法都能从某个侧面体现其合理性，但都有一定的局限性。另外，针对在确定指标权重的过程中，影响指标权重的因素有专家知识结构、判断水平和个人偏好等主观因素，而主观因素本身是模糊的，因此，难以用精确的标度来衡量。汪培庄[152]（1996）描述了用隶属度来表示模糊关系的程度，这符合客观事物的复杂性和人的思维的模糊性的事实。黄健元等[153]（2006）认为基于模糊一致矩阵的决策方法目前尚存在不足之处，如模糊优先关系矩阵的元素不能体现相应两个对象之间优劣的差异程度、满足条件的最小值不容易确定、计算优度值进行单指标排序的方法有待改进等。该文从模糊优先关系矩阵的构造、模糊一致矩阵的转化和排序方法等方面对基于模糊一致矩阵的决策方法进行了改进。

陈国华[154]（2004）采用可靠度和稳态可用度指标，对网状供应链和链状供应链进行了可靠性分析，提供了网状拓扑结构建模和可靠性计算的思路。

刘希龙[155]（2007）把供应网络弹性定义为供应网络系统在失效冲击下偏离均衡但能快速恢复到正常状态的能力。该文将失效事件限定在发生概率较低且影响较大的失效，弹性不是抗冲击性，也不是适应冲击的能力，而是从冲击影响下快速恢复的能力，这是与鲁棒性和柔性的区别。

安金朝[156]（2007）将应急响应过程可靠性定义为"各个由应急响应活动有机构成的基本任务阶段，在各自的应急限制期内顺序启动，调用相关的人力资源、软件和硬件资源，在所处的内外部环境条件下，在规定时间内完成应急响应任务的能力"。该文研究了利用统一建模语言（UML）建立应急响应过程活动网络模型的方法，并提供将 UML 模型转化为 Petri 网模型的具体方法。提出利用 Petri 网可达性来评价过程可靠性并寻找最优调度计划的方法，并利用启发式搜索算法解决可达图维数灾难问题。

金星、洪延姬[157]（2002）对大系统的可靠性模型进行了详细的探讨，对现代武器装备系统的可靠性和安全性评价进行了数值的分析和计算，为将可靠性和安全性理论和方法转化为应用技术发挥了重要的作用。

2.4.3 不足和发展趋势

经过几十年的研究，目前，关于系统可靠性评估研究已非常成熟，其研究现状及未来发展主要体现在下列几个方面：

1）可靠性评估方法的创新研究

传统的系统可靠性评估模型以非参数模型为代表，主要研究部件可靠性评估、串联和并联系统的可靠性评估以及网络系统的可靠性评估等问题。采用的方法包括：概率分布法、故障模式与后果分析法、故障树法、模拟法、人工神经网络法等。目前该方面的创新研究主要包括：如何基于大规模复杂系统可靠性的评估，提高计算过程的有效性和计算结果的精确度；如何测算不确定性系统的可靠性等。其中，在不确定性系统可靠性研究方面，尤其值得关注的是贝叶斯网络的应用。

2）无形系统可靠性研究

可靠性理论过去在电力网络、运输网络、生产系统等有形系统的应用较多，这些研究也主要集中在由"机因"引起的系统可靠性的研究方面。近年来无形系统可靠性的研究逐渐活跃，如资产评估体系可靠性的分析，企业组织结构可靠性分析，安全管理体系可靠性分析等，这在某种程度上代表着未来可靠性研究的重要方向。其中针对组织等软因素所引发的可靠性问题研究正日趋受到关注。

2.5 本章小结

本章对国内外文献进行了综述，在对前人研究进行分析的基础上，也提出了目前研究领域的不足，以及未来研究的发展趋势。主要内容总结如下：

第一，目前对于船舶溢油应急处置的研究主要集中于技术层面，有关如何从组织管理的角度来保证船舶溢油事故应急处置流程的规范化与顺畅的研究仍比较欠缺。

第二，现有群体决策的理论相对比较成熟，已经在一般领域得到广泛应用，但在溢油应急处置方面的研究仍集中于个体层面。

第三，目前对组织间关联关系的研究主要集中在生产和军事领域，在应急处置方面相对匮乏，如何对应急组织间的联系进行定量分析是理论研究的重要内容之一。

第3章　基于组织视角的船舶溢油应急处置的形式化描述

3.1　基于组织视角的船舶溢油应急处置形式化描述框架

3.1.1　理论基础

本章拟用集合论方法，基于组织视角形式化描述船舶溢油应急处置流程，并采用社会网络分析方法对关键的组织间联系进行识别。

1）形式化描述

基于船舶溢油应急处置流程的特点，本章拟采用集合论[158]对应急处置流程进行形式化描述。

2）社会网络分析

社会网络分析[159]的研究对象为“行动者”和“社会关系”，通过用“点”和“线”分别表示，构建网络拓扑图，并在此基础上借助概率论、图论等工具对联系进行分析。

3.1.2　研究对象

本章基于组织视角，对船舶溢油应急处置下的组织进行形式化描述，根据是《OPRC1990》、《MARPOL 73/78》、《预案》以及《计划》以及《船舶溢油应急人因可靠性评估研究》[168]。船舶溢油应急处置涉及的组织具有以下特点：

1）组织在阶段内保持静态而整体呈现出动态

根据《预案》等的规定，可将应急流程分为四个阶段，即{事故报告阶段，应急计划启动阶段，溢油清除方案制定阶段，溢油清除方案执行阶段}，在每一个阶段内，预案对涉及的组织构成有明确的规定，因而组织在阶段内呈现出静态；但由于各阶段涉及的子组织（部门）不同，因此整个过程中组织就相应呈现出动态。

2）组织行为外化为组织内决策和组织间联系

组织行为即对输入的信息进行分析和处理，生成决策方案，并执行方案或将方案的执行信息输出。因此，可以认为，组织内部行为外化为决策方案选择；组织间行为外化为信息传递和指挥控制联系。

结合上述组织的特征，本章形式化的对象为船舶溢油应急处置各阶段涉及的组织主体,主体内部的决策任务以及主体之间的联系,并分为四个阶段进行描述,在此基础上,对关键的组织主体、关键的决策任务和关键的联系进行识别。

3.1.3 研究方法

3.1.3.1 形式化描述

从上述对组织分析的特点可以看出,基于组织视角对溢油应急处置进行描述,需要根据其特点考虑以下三个问题:即分阶段形式化描述;在每个阶段下对实体和其对应的决策任务进行识别;对实体和实体之间的联系进行识别。

1) 任务集

任务集描述船舶溢油应急处置的各项决策和任务,以 T 集表示,符号 T_{ij} 表示第 i 阶段的第 j 项任务。本书共涉及{事故报告阶段,应急计划启动阶段,应急方案生成阶段,应急方案实施阶段}四个主要阶段,用{ T_{1j},T_{2j},T_{3j},T_{4j} }表示。

2) 实体集

实体集为任务执行涉及的部门或子组织,由于应急组织主要包括{船方和船公司岸上部门,溢油应急指挥系统,海事主管部门,溢油应急清污队伍,分工成员单位,溢油应急咨询专家组},因此分别用符号{ SC_n,SY_n,SH_n,SQ_n,SF_n,SZ_n }表示,其中 n 表示子分类中第 n 个子组织。

3) 联系集

联系集为实体之间的联系,以 L 集表示。T_{ij} 任务下所涉及的第 k 个联系用 $L(T_{ij})_k=\{<p,q>\mid p,q\in\{SC_n,SH_n,SY_n,SQ_n,SZ_n,SF_n\}\}$ 表示,其中,p 为发出信息或命令的实体,q 为接受信息或命令的实体;若 $L(T_{ij})_k=\varnothing$ 表示组织间没有联系。

3.1.3.2 关键组织和联系识别方法

1) 关键组织识别

基于社会网络分析的原理,如果某组织的程度中心性或中介性较高,则其在溢油应急处置中将处于信息交换频繁的地位,其缺失或失效将会给整个应急处置带来沟通不良,因此,这样的组织可以认定为关键组织。

指标程度中心性 $C_D(n_i)$ 或标准化程度中心性 $C'_D(n_i)$ 是衡量某组织与其他组织联系的密切程度,即[160]:

$$C_D(n_i)=d(n_i)=\sum_j X_{ij}\ ,\ C'_D(n_i)=d(n_i)/(g-1)$$

指标程度中介性 $C_B(n_i)$ 和标准化的中介性 $C'_B(n_i)$ 是衡量某组织对其他组织

间的沟通影响，即[160]：

$$C_B(n_i) = \sum_{j<k}(n_i)/g_{jk}\ ,\ C'_B(n_i) = 2\sum_{j<k} g_{jk}(n_i)/g_{jk}(g-1)(g-2)$$

式中：g_{jk} 是行动者 j 达到行动者 k 的捷径数；$g_{jk}(n_i)$ 是行动者 j 达到行动者 k 的快捷方式上有行动者 i 的快捷方式数，g 是此网络中的人数。

2）关键决策识别

关键决策即某实体执行某一任务决策，以 D 集表示，可描述为 $D = < SC_n, SH_n, SY_n, SQ_n, SZ_n, SF_n\text{-}T_{ij} >$。

3）关键联系识别

所谓关键联系是指联系频率高和次数多的联系。本书认定高频率的联系为关键联系行为。

关键组织联系分为关键报告联系和关键指挥控制联系，分别用 B 集和 Z 集表示，$L = B \cup Z$，$B \cap Z = \varnothing$。

3.2　基于组织视角的船舶溢油应急处置流程概述[168]

3.2.1　基本组织

根据《中国海上船舶溢油应急计划》[9]，可得出以下船舶溢油应急涉及的组织关系方范围，主要包括 6 类部门：船方和船公司岸上部门、溢油应急组织指挥系统、海事部门、溢油应急清污队伍、溢油应急咨询专家组和应急成员单位。具体界定如下所述。

3.2.1.1　船方和船公司岸上部门

船方为事故船方，船公司岸上部门为事故船方所属岸上船公司。

3.2.1.2　溢油应急指挥系统

首先根据溢油数量的不同、涉及的污染面积以及是否会对敏感区造成影响等，一般将应急预警分为四个等级，参见表 3-1。

表 3-1　预警内容

预警内容/应急等级	溢　油　数　量
一般预警（蓝色预警） 第一级	• 污染物溢油量可能在 10t 以下 • 污染面积较小 • 污染事故不会对敏感区域造成影响 • 不会产生衍生、次生、耦合突发事件

（续表）

预警内容/应急等级	溢　油　数　量
较大预警（黄色预警） 第二级	• 污染物溢油量可能在 10t 以上 50t 以下 • 污染事故可能对敏感区域造成影响 • 对岸线、取水口可能产生一定影响
重大预警（橙色预警） 第三级	• 污染物溢油量可能在 50t 以上 100t 以下 • 污染事故可能对敏感区域造成影响 • 对岸线、取水口可能产生一定影响
特别重大预警（红色预警） 第四级	• 污染物溢油量可能在 100t 以上

根据应急等级的不同，涉及的溢油应急指挥系统包括应急总指挥、应急副总指挥、现场指挥官和现场副指挥官。下文分别以现场指挥组织和溢油应急指挥部为中心来描述应急反应流程。

1）现场指挥组织

溢油应急指挥部一旦接到溢油事故报告，指定的现场指挥应立即赶赴现场（见图 3-1）。

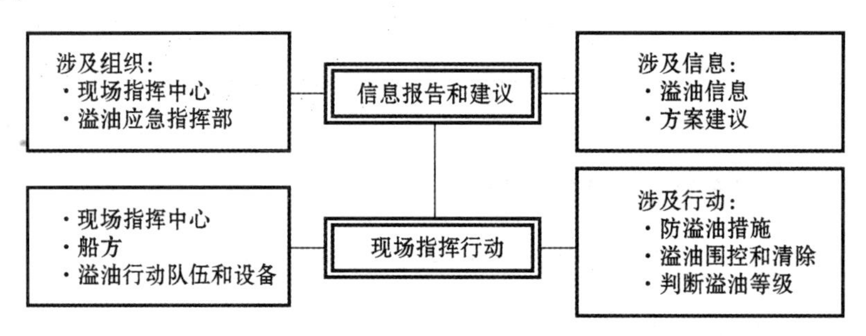

图 3-1　现场指挥组织体系

（1）信息报告和建议。现场指挥中心搜集事故现场信息，确定海上溢油现场的准确位置和溢油原因（船名、船型、碰撞/搁浅、船东），及时向溢油应急辖区指挥部报告；及时报告溢油种类、溢油事故规模，现场风速、水流状况及浮油漂流动向，组织必要的监视监测，并定时报告溢油漂流动向；及时根据现场情况预测并报告进一步溢油的可能性。根据现场情况向指挥部作出决策建议，请求紧急事项。

（2）现场指挥行动。判断溢油应等级；责令责任方采取可能做到的防溢油措施，要求应急辖区指挥部迅速调动应急队伍及设备，必要时请求支援；当溢油应急队伍与装备到达现场后，组织指挥现场溢油围控和清除，并根据溢出油种类、规模、海区位置、扩散方向采取相应的防治措施。

2）溢油应急辖区指挥部

组织体系如图3-2所示。

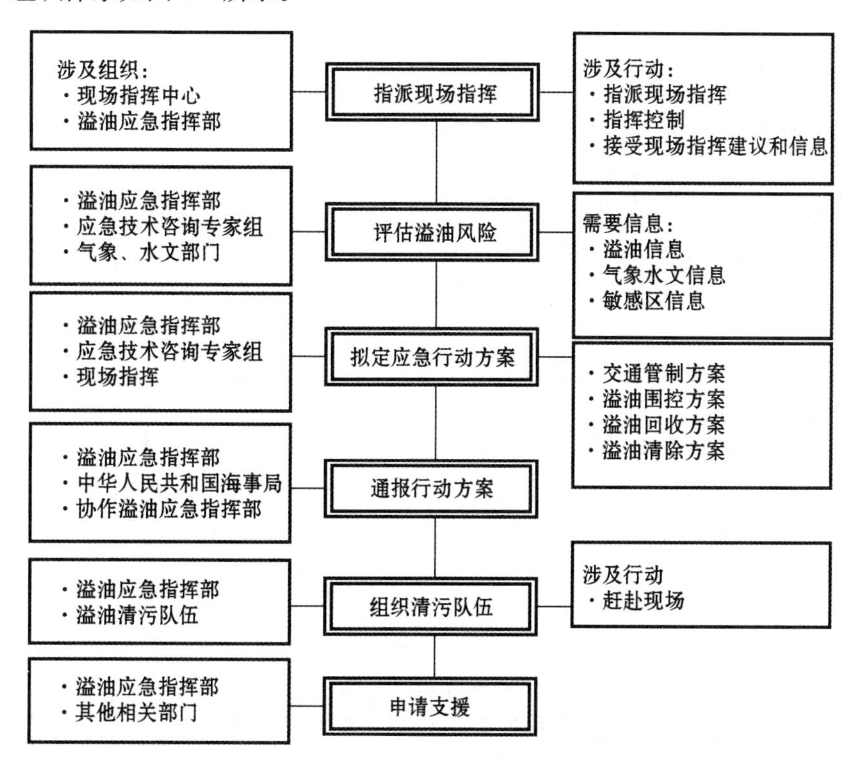

图3-2　溢油应急辖区指挥部组织体系

（1）指派现场指挥。接到海上溢油事故报告后，迅速指派现场指挥赶赴现场，并在各方面接应、支援和指导现场抗击溢油的应急反应行动。

（2）评估溢油风险。迅速启动监视监测和智能信息等支持系统，必要时召集应急技术咨询专家组，根据现场指挥提供的溢油应急等级，评估溢油事故风险，具体如表3-1所示。

（3）拟定应急行动方案。溢油应急指挥部结合接收到的信息、专家的咨询、现场指挥的建议，制订应急行动方案。

（4）通报行动方案。应急指挥部及时通报中华人民共和国海事局、参加协作的单位和相应的搜救中心或分中心。

（5）组织清污队伍。调动溢油应急防治队伍和应急防治船舶、设备、器材等以及必要的后勤支援；组织协调海事、港务、救捞、船公司、环保、海洋、渔监、水产、军队、公安、消防、邮电、气象、农林、旅游、保险等部门按指挥部确定的职责投入应急活动。

(6) 申请支援和区域合作。在发生可能影响其他水域或岸线的油污事故时，互相通告。

重大溢油事故，本辖区的应急队伍和设备不能满足溢油反应需要时，由上级或中国海上溢油应急指挥部协调其他海区给予支援，甚至包括周边国家的支援。应急等级划分如表 3-2 所示。

请求区域协作时应优先考虑设备、人员、到达事故地点的时间、后勤保障及费用情况。考虑到地理位置，某些情况下在离海区边界较近的港口发生船舶溢油事故时，在组织本海区的应急力量之前，可以考虑首先请求区域合作。

表 3-2 应急等级划分

<table>
<tr><th>应急等级</th><th>第一级</th><th>第二级</th><th>第三级</th><th>第四级</th></tr>
<tr><td>应急总指挥</td><td>所辖海域海事局主要领导</td><td>溢油应急辖区指挥部海事局局长或主管副局长</td><td>地方政府市长或主管副市长</td><td>省长或主管副省长(必要时由国务院指派)</td></tr>
<tr><td>应急副总指挥</td><td>所辖海域海事局主管处(科)处(科)长</td><td>所辖海域海事局主要领导、当地政府主管领导</td><td>溢油应急辖区指挥部海事局局长或主管副局长</td><td>中国海上溢油应急指挥部及地方政府主管领导</td></tr>
<tr><td>现场指挥官</td><td colspan="2">所辖海域海事局主管处(科)处长(科长)</td><td colspan="2">所辖海域海事局局长或主管副局长</td></tr>
<tr><td>现场副指挥官</td><td colspan="2">所辖海域海事局监督站站长</td><td colspan="2">所辖海域海事局主管处(科)处(科)长及监督站站长</td></tr>
</table>

其中，应急指挥部的任务包括指派现场指挥、评估溢油风险、拟定应急行动方案、通报行动方案、组织清污队伍以及申请支援。现场指挥部的任务包括向应急指挥部的信息报告和建议、现场指挥溢油围控清除行动。

3.2.1.3 海事主管部门

接到溢油事故报告后，迅速作出应急反应，承办指挥部的一切指令，包括海事值班室、海事巡逻艇等。

3.2.1.4 溢油应急清污队伍

目前溢油应急清污队伍主要由三种类型的队伍组成，如表 3-3 所示。

表 3-3 应急队伍组成

类 型	特 征
应急指挥部清污队	隶属于各指挥部；应急费用从清污赔偿费中支付
社会清污公司	自主经营；合同形式提供溢油应急服务
群众防灾救助	临时通过政府调动群众参加

3.2.1.5 溢油应急咨询专家组

专家咨询组是一个非常设机构，根据本辖区所发生溢油事故的需要，由指挥部(或分指挥部)组建为处理某个溢油事故服务的专家咨询组，该组在指挥部(或分指挥部)领导下进行工作，咨询工作费用由指挥部(或分指挥部)支付。包括海事部门专家、船公司专家、港务局专家、救捞专家、船检专家、环保专家、水产专家、石油化工专家、研究院或大学专家、公安消防专家、保险专家、司法专家和清污队专家。

3.2.1.6 成员单位分工

包括环保部门、军队有关部门、海洋部门、水产部门、旅游部门、救捞部门和气象部门。

结合上述内容，本书所涉及的组织和其设定符号如表 3-4 所示。

表 3-4 组织和其应对符号

No	含 义	含义	No	符 号	含义
1	溢油事故船方	SC_1	5	溢油事故周围船舶	SF_3
2	船方岸上部门	SC_2	6	在海上或岸边发现溢油的其他任何单位和个人	SF_4
3	巡视船舶和飞机	SF_1	7	港口水域溢油应急指挥部	SF_5
4	海上溢油卫星	SF_2	8	事故辖区海事部门值班室	SH_1

（续表）

No	含　义	含义	No	符　号	含义
9	事故辖区海事主管部门所属\其他相关海事主管部门所属巡逻艇	SH_2/SH_5	18	水产部门	SF_8
10	临近辖区或其他海事单位	SH_4	19	海洋部门	SF_9
11	事故辖区海事主管部门所属\其他相关海事主管部门所属飞机	SH_3/SH_6	20	气象部门	SF_{10}
12	应急辖区指挥部	SY_1	21	旅游部门	SF_{11}
13	现场指挥部	SY_2	22	当地驻军	SF_{12}
14	中国/局级(上一级)海上溢油应急指挥中心	SY_3	23	本辖区自有清污船舶/其他辖区清污船舶	SQ_1/SQ_2
15	当地人民政府	SY_5	24	可能受到污染影响的单位	SF_{13}
16	环保部门	SF_6	25	专家	SZ
17	救捞部门	SF_7			

3.2.2 应急反应通信体系

应急反应通信体系如图 3-3 所示。

为确保应急组织间事故报告、报警和通报以及溢油应急各种信息能及时、准确、可靠的传输，信息通过应急通信网络体系传输。

1) 报告报警信息传递

(1) 事故船舶。通过人工或自动方式首先启动 GMDSS，将事发地点、船舶基本情况等信息播发给岸上有关部门；然后采用甚高频、单边带电台等通信方式与应急指挥部进一步取得联系。有条件的船舶还可同时启动海事卫星进行通信联络。

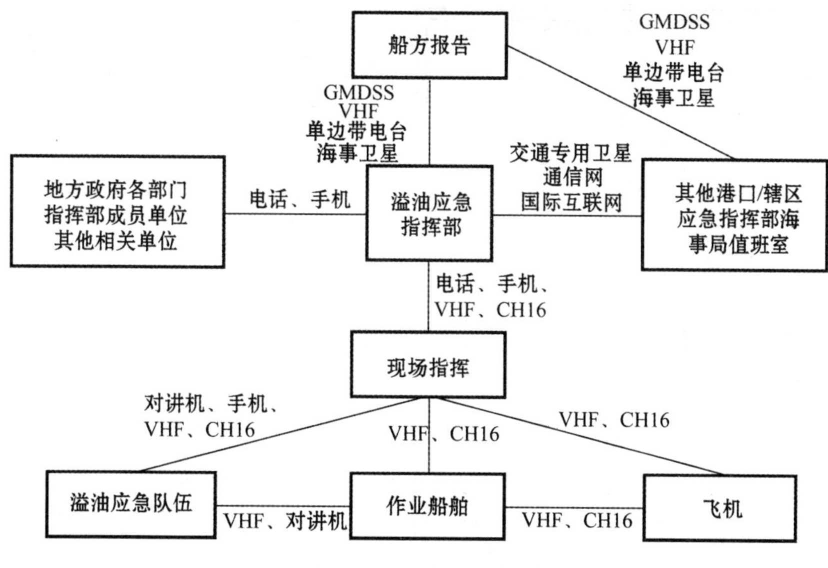

图 3-3　应急反应通信体系

(2) 非事故船舶。可首先选用甚高频，较远距离可以采用单边带电台等。

(3) 陆地。采用本地邮电通信网的有线电话、无线移动手机。

2) 指挥调度

(1) 中华人民共和国海事局和各级海事部门、溢油指挥中心之间：可采用交通卫星电话、邮电通信电话。

(2) 各溢油应急辖区指挥部及其分指挥部与地方政府、清污公司、医疗、消防、公安等协作单位：采用邮电通信电话或无线移动手机。

(3) 各溢油应急辖区指挥部及其分指挥部与现场指挥：采用无线电话、海岸电台、甚高频。

(4) 现场指挥与现场作业船舶之间：采用海岸电台、对讲机、甚高频。

3.2.3　基本流程

首先给出应急流程框架图，如图 3-4 所示。

图 3-4 为结合《1990 年国际油污防备、反应和合作公约》、《经 1978 年议定书修订的 1973 年国际防止船舶造成污染公约》、《中国海上船舶溢油应急计划》[9] 及附件以及船舶配备的《船上油污应急计划》抽象得出的船舶溢油应急的主要行动和应急组织。可以看出：船舶溢油应急流程主要包括四大部分：事故报告、应急计划启动、应急方案制订和应急方案执行。对于图 3-4 四个阶段涉及的具体流程和对应的组织部门，再具体描述如下。

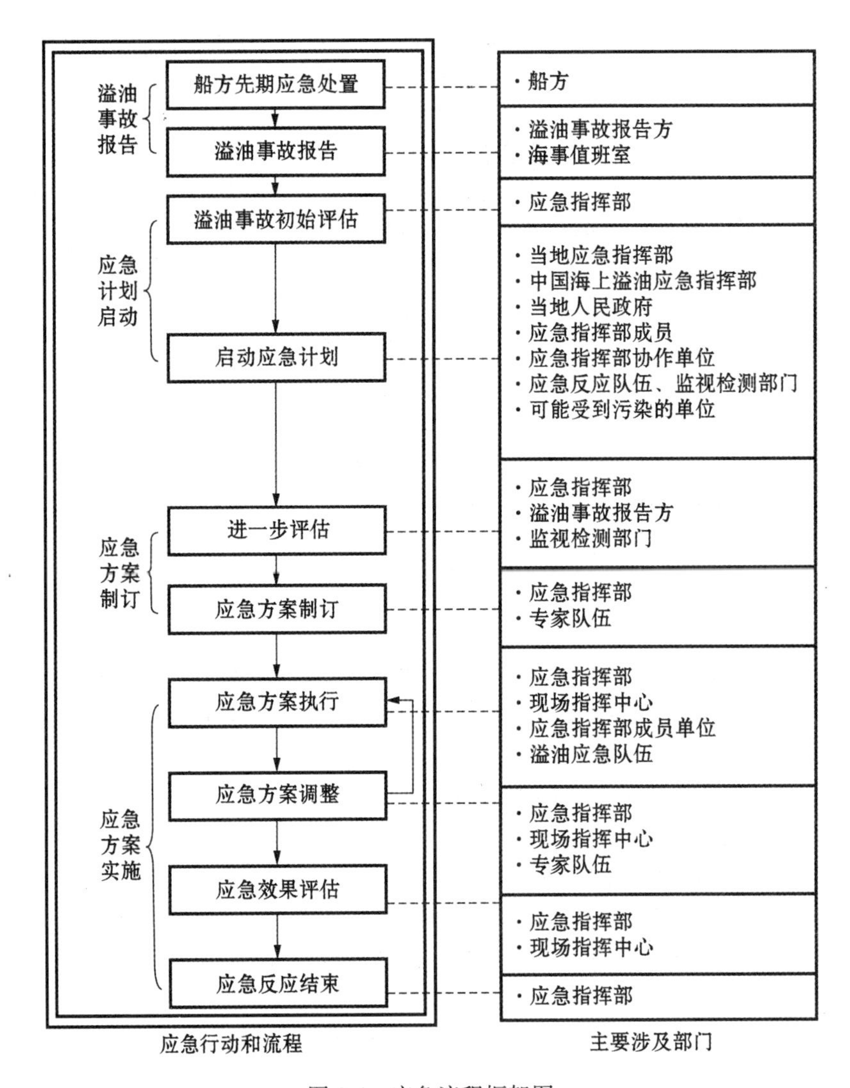

图 3-4　应急流程框架图

3.2.3.1　船舶溢油事故报告

溢油事故发生后，船方按照《船上油污应急计划》，对事故进行先期处置和事故最初报告，具体步骤如图 3-5 所示。

当船舶在海上发生溢油事故时，事故船舶船长应立即启动《船上油污应急计划》，主要流程包括事故先期处置和事故初始报告。

1）事故先期处置

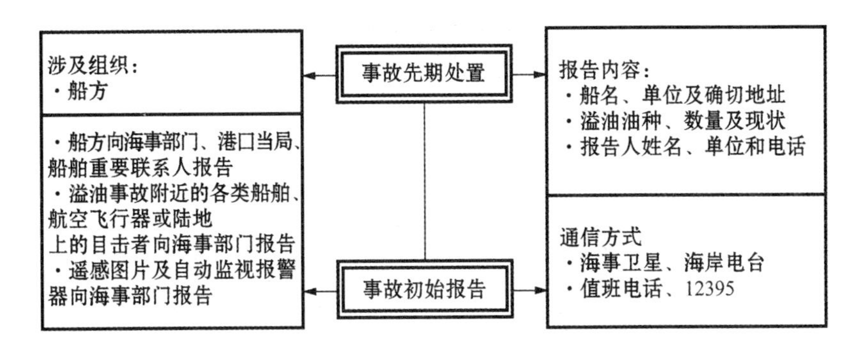

图 3-5　溢油应急事故报告流程

船长、轮机长分别指挥动员甲板部、轮机部船员，立即查清发生溢油的部位及有关情况。

船员采取驳油、对破损部位进行堵漏等紧急措施，立即关闭或打开有关的阀门。

2）事故初始报告

《船上油污应急计划》规定：发生事故后，船长和其他负责人应将油类实际的或有可能的排放情况通知最近的沿海国家、港口当局、船舶重要联系人。并由事故船舶船长决定是否需要岸上紧急援助等事宜。按照《中国海上溢油应急预案》规定，事故报告的主体以事故船方为主，还有巡逻船舶、溢油事故附近的各类船舶、航空飞行器和陆上目击者等其他主体。

报告的程序按图 3-6 的要求和步骤进行。

3.2.3.2　应急计划启动

海事部门组织溢油应急计划启动包括事故补充报告，海事部门派遣巡逻艇等前往现场调查取证，并对溢油情况进行初始评估。根据初始评估的信息应急指挥中心启动应急计划，确定初步行动方案。具体情况参见图 3-7。

1）赶赴现场

海事部门派巡逻艇或其他船舶，迅速赶赴现场，向船方实地了解溢油情况。

2）现场调查取证

海事局值班室在接到油污事故报告后，会要求报告人补充溢油信息，包括现场水文气象信息和溢油信息。

3）初始评估

海事局值班室接到油污事故报告后，要求报告人和相关部门提供更详细的资料，并立即向相应的溢油应急指挥部报告。指挥中心根据报告信息，结合计算机溢

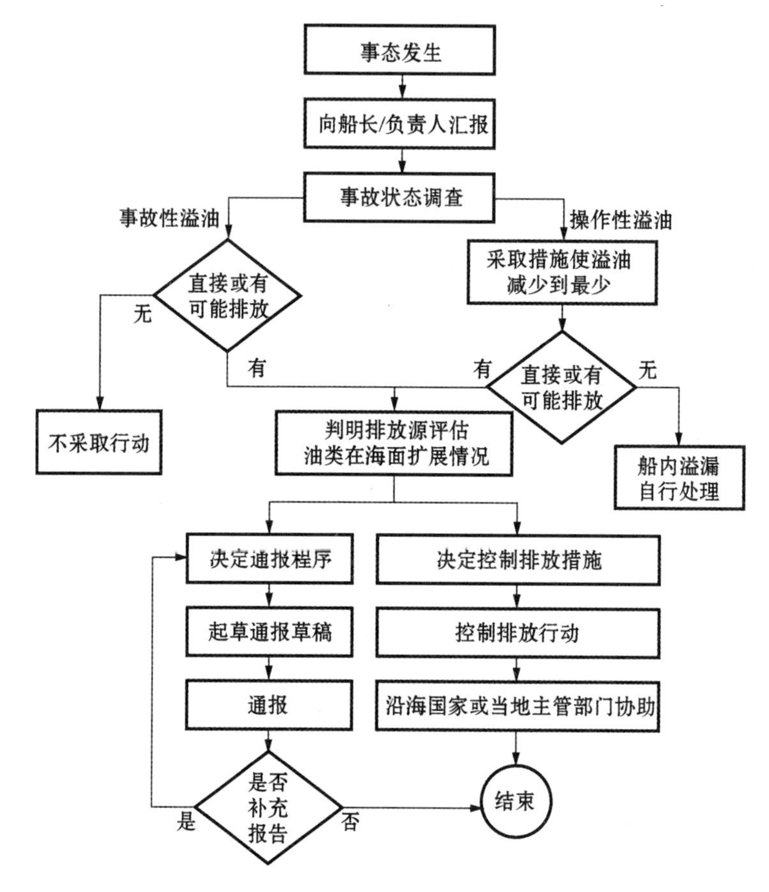

图 3-6　溢油初始报告程序图

油扩散模拟软件，对溢油事故进行初始评估。由于对溢油事故的评估，将直接影响到反应行动的力度和效果，因此，需对溢油的油量、油种、船舶和海况进行认真的评估。

4）确定风险等级

海事主管部门根据初始评估的结果确定风险等级。

5）启动应急计划

溢油应急指挥部根据初始评估结果迅速启动应急计划，调用清污队伍、巡逻艇到达现场，成立现场分指挥部，并向相关部门报警。

6）报警

溢油应急指挥部根据初始评估结果迅速报警。接受报警的单位和个人如图 3-7 所示。

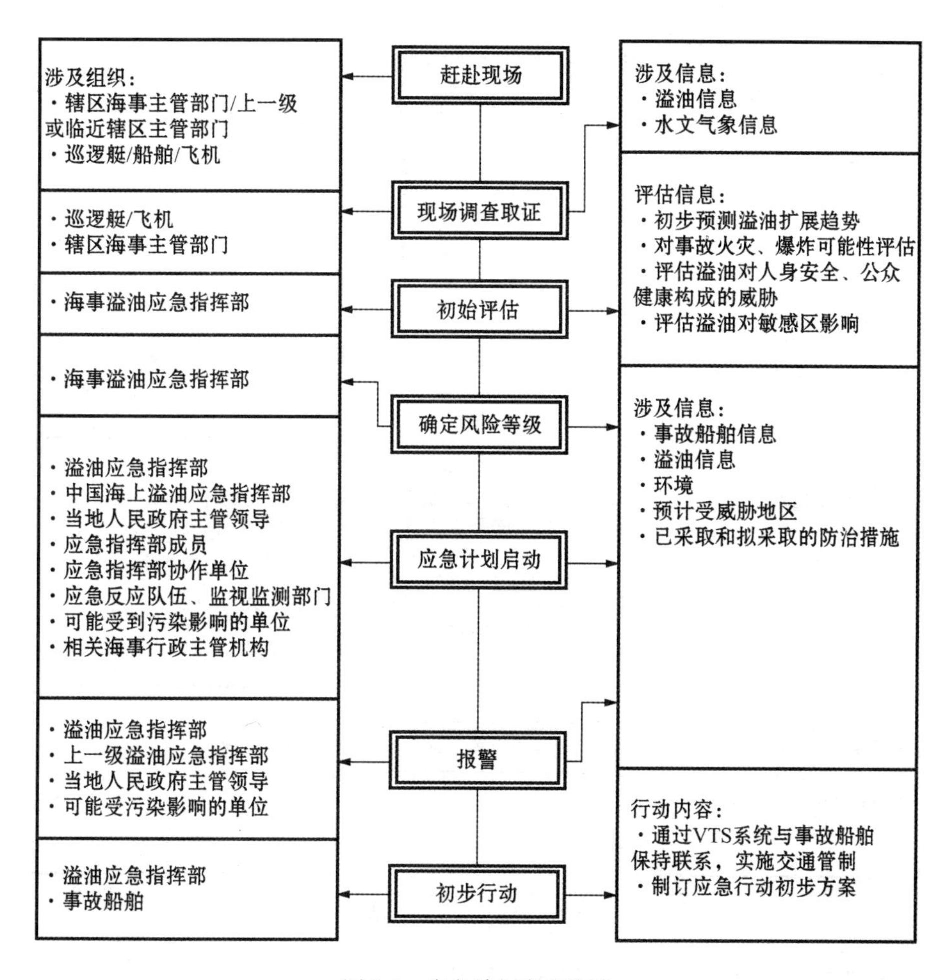

图 3-7　应急计划启动流程

7）初步行动

初步行动为溢油应急指挥建立应急通信系统，包括无线电台、海岸电台或手机通信，与事故船舶保持联系，派巡逻艇实施交通管制，并初步制订应急行动初步方案。

3.2.3.3　应急方案制定

应急方案的制订[168]包括监视监测、进一步评估、应急方案生成、应急方案调整、应急队伍和资源配备。具体如图 3-8 所示。

1）监视和监测

有关应急技术人员应对溢油监视监测情况进行记录，填写报告表格，并上报有

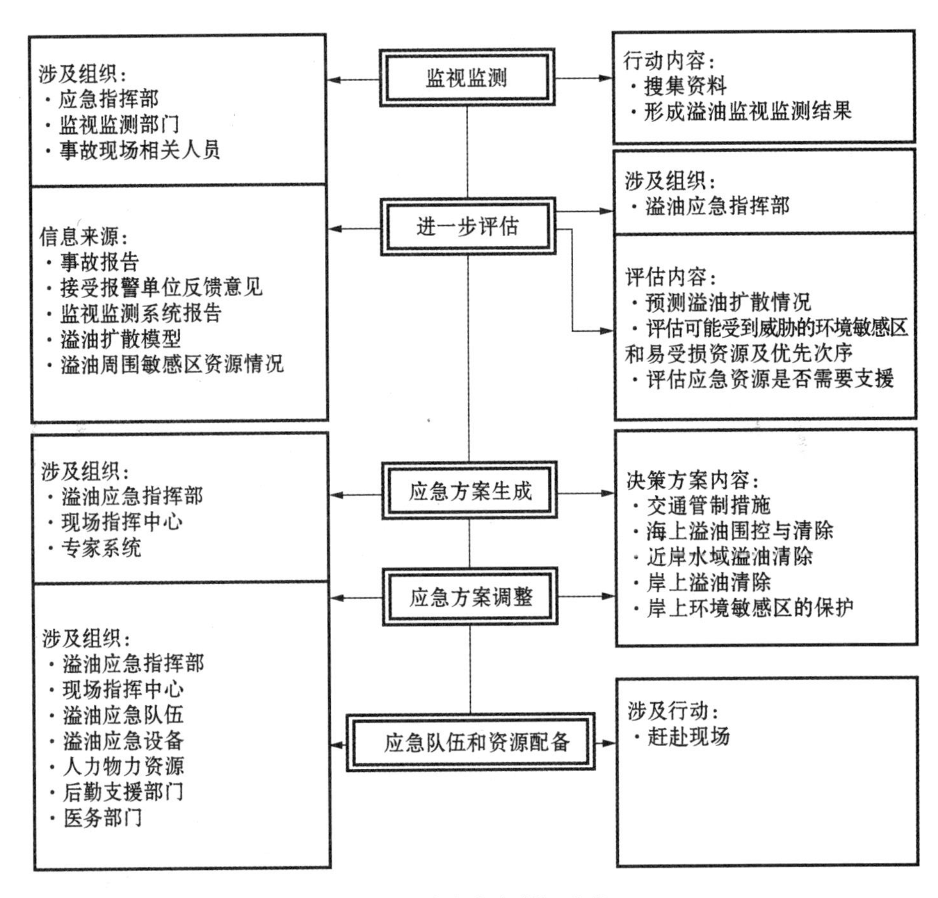

图 3-8　应急方案制订流程

关主管部门，用于支持应急行动和事故案例统一备案。

目前主要有 8 种监视监测技术，具体情况如表 3-5 所示。

表 3-5　监测监视技术

监视监测技术	实施流程
巡逻艇	各辖区自行调用自有船只
取样分析油的比重、倾点、黏度、分离特性	派遣巡逻艇或和专用监测船，现场人员取样，送至附近实验室
取样分析油的指纹、毒理特性	
可见光陆地卫星遥感监测	查 LandSat 7 或 Spot 数据库
雷达卫星遥感监视	查 Radarsat 数据库
NOAA 等气象卫星监测	省、市级气象、海洋气象站或专业研究所
定翼机载航空溢油遥感监视系统	中华人民共和国海事局安排
直升机空中监视	直升机专业公司

监测单位接受监测任务后，应尽快搜集和掌握有关资料和信息，在综合分析判断的基础上，将监测结果及时上报溢油应急指挥部。

2）对溢油事故进一步评估

溢油应急指挥部对溢油事故进一步评估，根据溢油事故补充报告、现场气象、海况条件和溢油飘移扩散模型、监视监测报告等信息，估计溢油去向、数量、范围和扩散规模，确定可能受到威胁的敏感区和易受损害的资源，并确定保护的优先次序，由此制定应急行动对策。

3）应急方案生成和准备阶段

该阶段是指海事部门在应急计划启动后至应急行动开始阶段中的一系列活动，包括：应急方案的生成和优化、应急队伍的组织和调动、应急人员的分工、应急物资的准备和调动、相关协助部门的组织和分工等。

4）应急方案生成

一旦确定溢油事故的风险级别和相对应的应急等级后，应急部门便必须迅速做出应急决策，生成应急方案。应急方案是由一系列子方案组成的，一般包括：交通管制措施、海上溢油围控与清除方案、近岸水域溢油清除、岸上溢油清除、岸上环境敏感区的保护方案。

5）应急方案优化和调整

应急方案生成后需根据环境信息和实时反馈进行优化和调整，必要时可能生成新的应急方案。

6）应急资源配置

应急方案生成后，还需确定实施该方案所需人力物力资源，并落实所有应急资源的调运和配置，从而确保应急方案的有效实施[161]。

3.2.3.4　应急方案实施

应急方案实施阶段的行动方案[162]如图3-9所示。主要行动包括溢油应急作业、应急效果监测与评估和宣布应急行动结束。

1）溢油应急作业

溢油的围控与清除。溢油控制主要包括对船舶的溢油源进行堵漏、转驳、对海面溢油进行围控，以便控制溢油量的增加和溢油扩散。溢油清除包括溢油的围控、回收、分散、固化、沉降、焚烧和生物降解等处理。

回收油污的处理。首先可考虑回收油再利用，当回收油的质量符合一定要求时可以通过炼油厂或废油回收厂的油回收装置进行处理。当回收油无法再利用时，可根据具体情况采取分离油污水、直接填埋、焚烧、增强生物降解等措施。

实时接收上级指令及相关信息；实时通报、反馈现场情况。

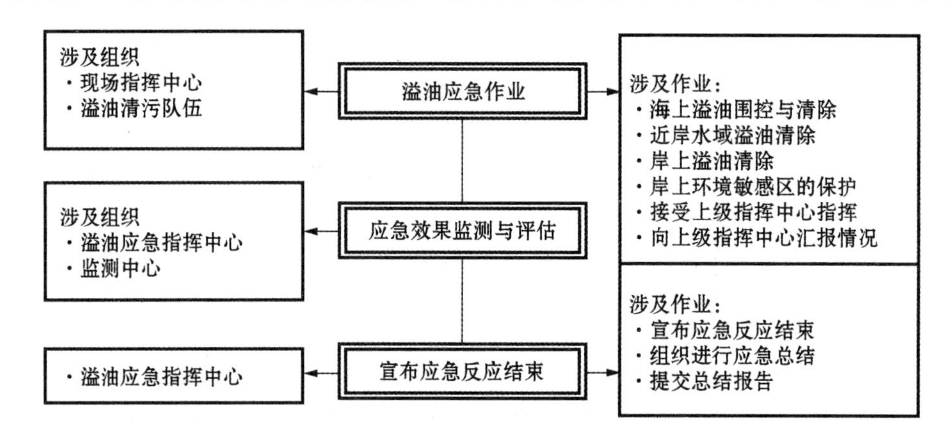

图 3-9　应急方案实施阶段行动框图

2）应急效果监测与评估

监测和评估内容一般包括：对受溢油污染水域和岸线进行监测评估，确定污染范围和程度的动态变化情况；对已清除和恢复的受污染场所进行监测，确认清污效果和环境恢复状况；对目前应急方案实施情况进行评估，确认方案是否有效，人力、物力设备是否具备，是否需要进一步支援。

3）应急行动结束

一般溢油事故现场应急人员在判断表面无溢油、无异味、船体或其他设施无溢油残留的情况下宣布应急行动结束；较大或重大溢油事故，则必须请有资质的环保评估专业技术单位对受污染水域的水质进行检测，达到要求方可宣布应急行动结束。

3.2.3.5　流程汇总

综上所述，基于组织视角，可列出海上船舶溢油应急处置涉及的主要的组织关系方和流程，关系方的主要任务如表 3-6 所示。其中明显可见，相关组织方为完成这些任务，在组织关系方之间形成了信息传递联系和指挥控制联系。其流程如图图 3-10 所示。

表 3-6　溢油应急处置组织的主要任务

阶段	主　要　任　务
事故报告阶段	溢油先期处置、溢油事故报告决策
应急计划启动阶段	赶赴现场、现场调查取证、确定风险等级、启动应急计划、报警
应急方案生成阶段	交通管制方案生成、溢油围控方案生成、溢油回收方案生成、溢油清除方案生成
应急方案实施阶段	交通管制执行、溢油围控方案执行、溢油回收方案执行、溢油清除方案执行

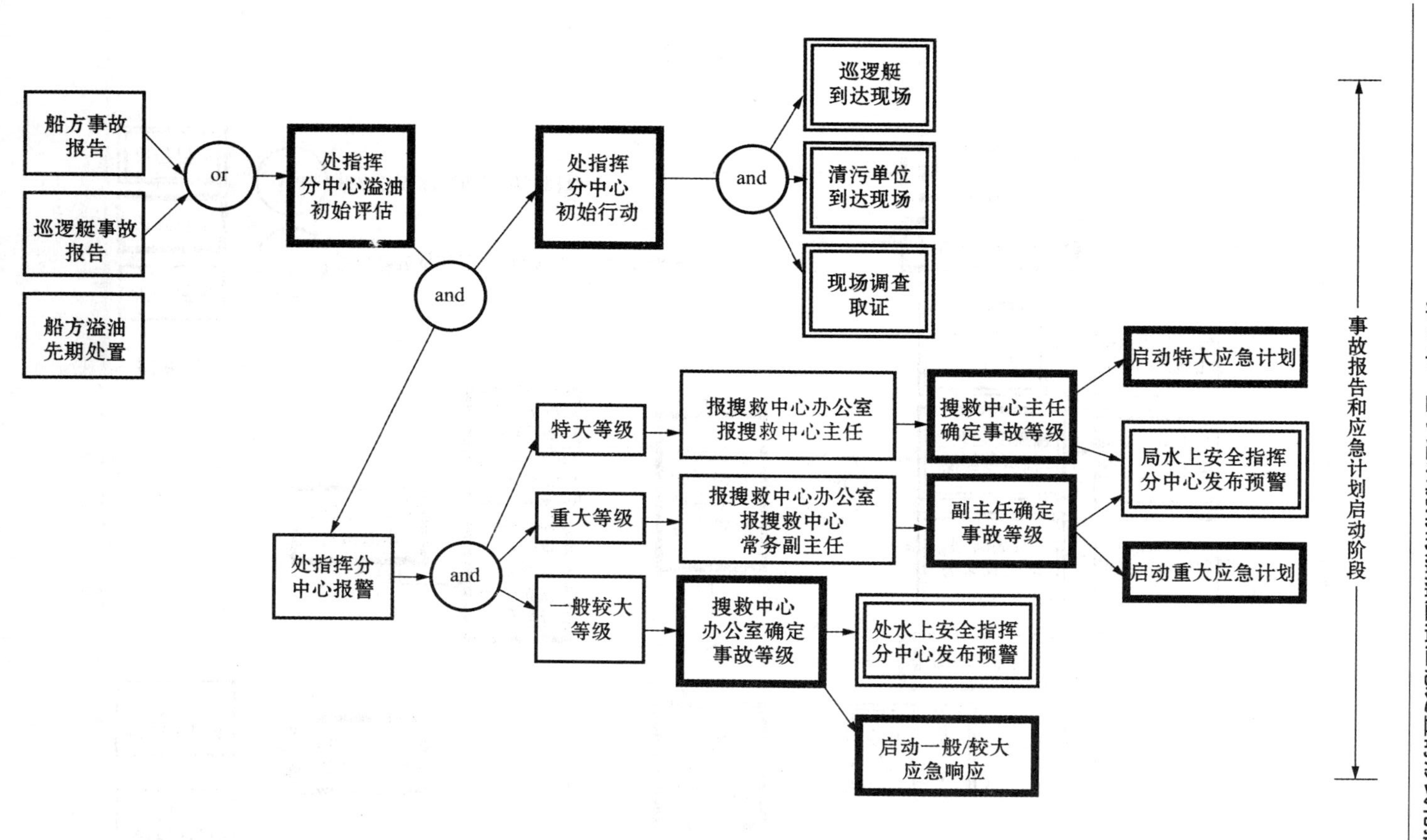

图3-10 基于组织视角的溢油应急处置的流程

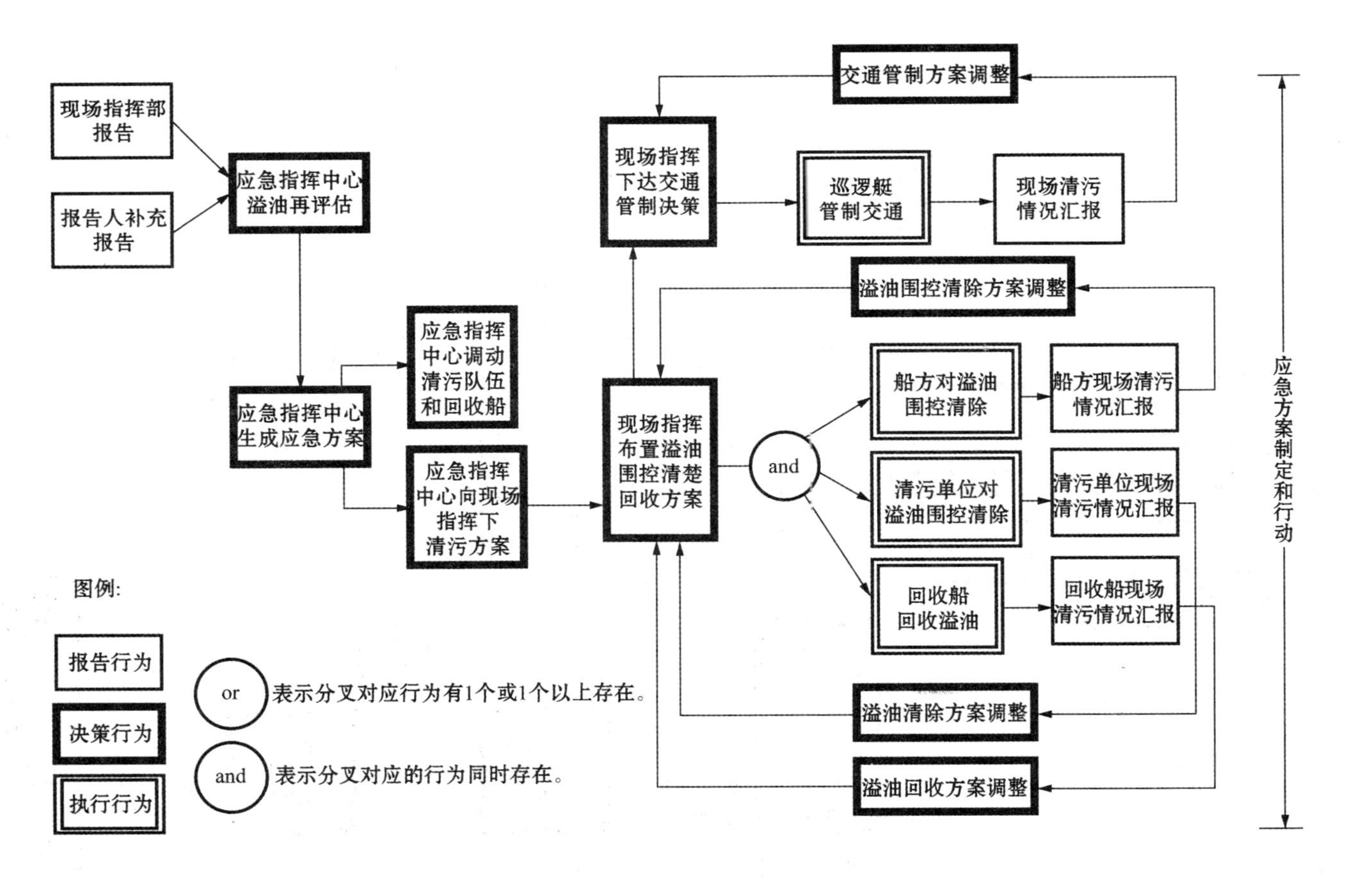

应急方案制定和行动
现场指挥部报告
报告人补充报告
应急指挥中心溢油再评估
应急指挥中心生成应急方案
应急指挥中心调动清污队伍和回收船
应急指挥中心向现场指挥下清污方案
现场指挥布置溢油围控清楚回收方案
现场指挥下达交通管制决策
巡逻艇管制交通
现场清污情况汇报
交通管制方案调整
溢油围控清除方案调整
and
船方对溢油围控清除
清污单位对溢油围控清除
回收船回收溢油
船方现场清污情况汇报
清污单位现场清污情况汇报
回收船现场清污情况汇报
溢油清除方案调整
溢油回收方案调整
图例:
报告行为
决策行为
执行行为
or
表示分叉对应行为有1个或1个以上存在。
and
表示分叉对应的行为同时存在。

续图 3-10

3.3 基于组织视角的船舶溢油应急处置形式化[188]

3.3.1 船舶溢油事故报告阶段

事故报告阶段的任务可以分解成事故报告和船方事故先期处置,用 $\{T_{11}, T_{12}\}$ 表示。

3.3.1.1 溢油先期处置

1) 任务识别

溢油先期处置 $\{T_{12}\}$,事故船方决定是否停止生产作业和进行溢油清除。

2) 实体识别

事故船方 $\{SC_1\}$,其按照船上配备的溢油应急计划进行先期溢油处置。

3) 联系识别

$L = \varnothing$,因为溢油事故先期处理为船方内部行为,和其他实体没有联系。

3.3.1.2 溢油事故报告

1) 任务识别

事故船方做出是否进行溢油事故报告决策 T_{11};即发现溢油的实体如何向海事部门发出事故报告。

2) 实体识别

设发出报告实体集为 $\{SC_1, SF_1, SF_2, SF_3, SF_4, SH_4\}$,接受报告的实体集为 $\{SH_1, SC_2, SF_5, SH_7\}$。

发出溢油事故报告来自以下各个方面:包括溢油事故船方 SC_1,海上巡视船舶和飞机 SF_1,海上溢油卫星遥感监测 SF_2,溢油事故周围的船舶 SF_3,在海上或岸边发现溢油的其他任何单位和个人 SF_4,临近辖区或其他海事单位的转报 SH_4。

接受溢油事故报告的关系方:事故辖区海事部门值班室 SH_1,岸上船公司部门 SC_2,港口当局 SF_5,上一级海事主管部门 SY_3。

3) 联系识别

$L(T_{11})_1 = \{< p, q > \mid p = SC_1, q = SC_2\}$:溢油发生后,按照船方溢油应急计划,船方需要向岸上船公司联系部门进行事故报告。

$L(T_{11})_2 = \{< p, q > \mid p \in \{SC_1\}, q \in \{SH_1\}\}$:事故船方向海事主管部门进行事故报告。

$L(T_{11})_3 = \{< p, q > \mid p \in \{SF_1, SF_2, SF_3, SF_4\}, q \in \{SH_1\}\}$:发现溢油关

系方向海事主管部门进行事故报告。

$L(T_{11})_4 = \{< p,q > \mid p = SC_1, q = SF_5\}$：如果溢油发生在港口，船方需要向港口当局进行事故报告。

$L(T_{11})_5 = \{< p,q > \mid p = SH_1, q = SY_3\}$：如果是重大和特别重大溢油事故，地区级海事部门需要向上一级海事主管部门(如处级报告局级，局级部门通报中国溢油指挥中心)。

3.3.1.3 组织形式化描述

将事故报告阶段涉及的任务集、实体集和联系集整理如表 3-7 所示。

表 3-7 事故报告阶段形式化

任务集	实体-联系集	联系类型
溢油事故报告 T_{11}	$L(T_{11})_1 = \{< p,q > \mid p = SC_1, q = SC_2\}$	报告
	$L(T_{11})_2 = \{< p,q > \mid p \in \{SC_1\}, q \in \{SH_1\}\}$	报告
	$L(T_{11})_3 = \{< p,q > \mid p \in \{SF_1, SF_2, SF_3, SF_4\}, q \in \{SH_1\}\}$	报告
	$L(T_{11})_4 = \{< p,q > \mid p = SC_1, q = SF_5\}$	报告
	$L(T_{11})_5 = \{< p,q > \mid p = SH_1, q = SY_3\}$	报告
先期应急处置 T_{12}	涉及实体 SC_1，联系为 $\emptyset$	无

3.3.2 应急计划启动阶段

在应急计划启动阶段，组织系统的任务包括赶赴现场、现场调查取证、风险评估、确定应急等级、启动应急计划和报警，分别定义为 $\{T_{21}, T_{22}, T_{23}, T_{24}, T_{25}, T_{26}\}$。

3.3.2.1 赶赴现场

1) 任务识别

任务集为$\{T_{21}\}$。T_{21} 为海事值班室或应急指挥中心或其他辖区海事主管人员派船舶或飞机赶赴现场。

2) 实体识别

决策实体集为 $\{SH_1, SY_1, SH_4, SY_3\}$，分别为事故辖区海事值班室 SH_1，事故辖区应急指挥中心 SY_1，临近辖区或其他辖区相关海事主管部门 SH_4，上一级海事主管部门 SY_3。

执行实体集为{ SH_2, SH_3, SH_5, SH_6 }，分别为事故辖区海事主管部门所属船舶 SH_2 、飞机 SH_3 ，其他相关海事主管部门所属船舶 SH_5 、飞机 SH_6 。

3）联系识别

$L(T_{21})_1 = \{<p,q> \mid p \in \{SH_1, SY_1\}, q \in \{SH_2, SH_3\}\}$ ：事故辖区海事值班室 SH_1 ，事故辖区应急指挥中心 SY_1 在接收到事故应急报告后，应该马上派出辖区内船舶 SH_2 ，飞机 SH_3 前往现场察看；

$L(T_{21})_2 = \{<p,q> \mid p \in \{SY_1\}, q \in \{SH_4, SY_3\}\}$ ：根据实际情况，大部分的情况下，辖区可以派出巡逻艇。但是，考虑到特殊情况，如果溢油地点情况恶劣，或者主管部门巡逻艇全部外出，此时就需要上一级海事主管部门 SY_3 ，或其他辖区相关海事主管部门 SH_4 借调船舶或飞机 SH_5, SH_6 ；

$L(T_{21})_3 = \{<p,q> \mid p \in \{SH_4, SY_3\}, q \in \{SH_5, SH_6\}\}$ ：上一级海事主管部门 SY_3 ，或其他辖区相关海事主管部门 SH_4 派遣船舶或飞机 SH_5, SH_6 赶赴现场。

3.3.2.2　现场调查取证

1）任务识别

现场调查取证 T_{22} 。

2）实体识别

实际到达现场的船舶或飞机，即{ SH_2, SH_3, SH_5, SH_6 }；事故辖区应急指挥中心{ SY_1 }。

3）联系识别

$L(T_{22})_1 = \{<p,q> \mid p \in \{SH_2, SH_3, SH_5, SH_6\}, q \in \{SY_1\}\}$ ，船舶或飞机到达现场后，需要勘查现场污染情况并搜寻肇事船，并将现场情况反馈给事故辖区应急指挥中心{ SY_1 }。

3.3.2.3　确定风险等级

1）任务识别

确定风险等级 T_{23} 。

2）实体识别

事故辖区应急指挥中心{ SY_1 }。根据现场反映的情况对溢油事故进行评估，再根据预案所确定溢油事故等级的原则，由海事主管部门确定事故等级。

3）联系识别

属于决策，和其他实体没有联系，$L = \varnothing$ 。

3.3.2.4 启动应急计划

1) 任务识别

首先进行是否启动应急计划的决策 T_{24} :如果事故确认没有溢油,则不启动应急计划;如果为一般事故,则仅启动本级应急计划,即任命设立现场指挥中心的指挥船舶,派出巡逻艇前往进行交通管制,调集清污船舶前往进行溢油围控回收;如果事故严重,事故辖区应急指挥中心 SY_1 向上一级应急指挥中心 SY_3 汇报后,由上一级应急指挥中心启动更高级别应急计划。当由上一级 SY_3 启动应急计划时,此时 SY_3 的地位同 SY_1 ,统一用 SY_1 表示。

2) 实体识别

决策单元为事故辖区应急指挥中心 SY_1 ,上一级应急指挥中心 SY_3 。

接受决策的执行单元为:现场指挥中心 SY_2 ,本辖区的巡逻艇 SH_2 和其他辖区的巡逻艇 SH_5 ,本辖区自有清污船舶 SQ_1 或其他清污船舶 SQ_2 。

3) 联系识别

启动应急计划中,涉及的联系如下:

$L(T_{24})_1 = \{< p,q > | p \in \{SY_1\}, q \in \{SY_3\}\}$:事故辖区应急指挥中心 SY_1 向上一级应急指挥中心 SY_3 汇报。

$L(T_{24})_2 = \{< p,q > | p \in \{SY_1\}, q \in \{SY_2\}\}$:应急指挥中心任命现场指挥中心 SY_2 。

$L(T_{24})_3 = \{< p,q > | p \in \{SY_1\}, q \in \{SH_2, SH_5\}\}$:应急指挥中心指定船舶(巡逻艇)前往现场进行交通管制,包括本辖区的巡逻艇 SH_2 和其他辖区的巡逻艇 SH_5 。

$L(T_{24})_4 = \{< p,q > | p \in \{SY_1\}, q \in \{SQ_1, SQ_2\}\}$:应急指挥中心调集本辖区自有清污船舶 SQ_1 或其他清污船舶 SQ_2 前往出事地点进行溢油围控回收。

3.3.2.5 报警

1) 任务识别

应急指挥中心将事故情况报警给相关部门 T_{25} 。

2) 实体识别

事故辖区应急指挥中心 SY_1 ,上一级应急指挥中心 SY_3 、当地人民政府主管领导 SY_5 、可能受到污染影响的单位 SF_{13} 、环保部门 SF_6 、救捞部门 SF_7 、水产部门 SF_8 、海洋部门 SF_9 、气象部门 SF_{10} 、旅游部门 SF_{11} 、当地驻军 SF_{12} 。

3) 联系识别

$L(T_{25})_1 = \{< p,q > | p \in \{SY_1\}, q \in \{SY_3, SY_5, SF_{13}, SF_6, SF_7, SF_8, SF_9,$

$SF_{10}, SF_{11}, SF_{12}\}\}$

3.3.2.6 总结

应急计划启动阶段涉及的实体和其对应的决策，以及联系的总结参见表3-8。

表3-8 应急计划启动阶段形式化

任务	任务集	实体-联系集	类型
赶赴现场	T_{21}	$L(T_{21})_1 = \{< p,q > \mid p \in \{SH_1, SY_1\}, q \in \{SH_2, SH_3\}\}$	指挥
		$L(T_{21})_2 = \{< p,q > \mid p \in \{SY_1\}, q \in \{SH_4, SY_3\}\}$	指挥
		$L(T_{21})_3 = \{< p,q > \mid p \in \{SH_4, SY_3\}, q \in \{SH_5, SH_6\}\}$	指挥
现场调查取证	T_{22}	$L(T_{22})_1 = \{< p,q > \mid p \in \{SH_2, SH_3, SH_5, SH_6\}, q \in \{SY_1\}\}$	无
确定等级	T_{23}	$\varnothing$	无
启动应急计划	T_{24}	$L(T_{24})_1 = \{< p,q > \mid p \in \{SY_1\}, q \in \{SY_3\}\}$	指挥
		$L(T_{24})_2 = \{< p,q > \mid p \in \{SY_1\}, q \in \{SY_2\}\}$	指挥
		$L(T_{24})_3 = \{< p,q > \mid p \in \{SY_1\}, q \in \{SH_2, SH_5\}\}$	指挥
		$L(T_{24})_4 = \{< p,q > \mid p \in \{SY_1\}, q \in \{SQ_1, SQ_2\}\}$	指挥
报警	T_{25}	$L(T_{25})_1 = \{< p,q > \mid p \in \{SY_1\}, q \in \{SY_3, SY_5, SF_{13}, SF_6, SF_7, SF_8, SF_9, SF_{10}, SF_{11}, SF_{12}\}\}$	报告

3.3.3 应急方案制定阶段

3.3.3.1 交通管制方案

1) 任务识别

应急指挥中心制定交通管制方案 T_{31} 。

2) 实体识别

事故辖区应急指挥中心 SY_1 ，专家 SZ 。

3）联系识别

T_{31} 为决策，没有对应联系。$L = \varnothing$ 。

3.3.3.2 溢油围控方案生成

1）任务识别

现场指挥中心和应急指挥中心制定围控方案 T_{32} ，即使用围油栏还是不使用围油栏。

2）实体识别

事故辖区应急指挥中心 SY_1 ，现场指挥中心 SY_2 ，专家 SZ 。

3）联系识别

T_{32} 为现场指挥中心和应急指挥中心根据“海上溢油漂移扩散模型”计算，制订围控方案，没有对应联系。$L = \varnothing$ 。

3.3.3.3 溢油回收和清除方案生成

1）任务识别

现场指挥中心和应急指挥中心制定回收和清除方案 T_{33} ，即首先决定是让溢油自然风化降解，还是对其进行人工清污；如果采用人工清污，则清污方案如何组合机械回收、化学剂分散和焚烧。

2）实体识别

事故辖区应急指挥中心 SY_1 ，现场指挥中心 SY_2 ，专家 SZ 。

3）联系识别

T_{33} 为现场指挥中心和应急指挥中心根据“海上溢油漂移扩散模型”计算，确定回收方案，没有对应联系，$L = \varnothing$ 。

3.3.3.4 总结

应急报告阶段涉及的实体和其对应的决策，以及联系的总结参见表 3-9。

表 3-9　应急方案形成阶段形式化

任务	任务集	实体-联系集	类型
交通管制方案	T_{31}	SY_1 、SZ - $\varnothing$	无
溢油围控方案	T_{32}	SY_1 、SY_2 、SZ - $\varnothing$	无
回收清除方案	T_{33}	SY_1 、SY_2 、SZ - $\varnothing$	无

3.3.4　应急方案实施阶段

3.3.4.1　交通管制执行

1）任务识别

指挥中心命令巡逻艇执行交通管制 T_{41} 。

2）实体识别

事故辖区应急指挥中心 SY_1 ，本辖区的巡逻艇 SH_2 或其他辖区的巡逻艇 SH_5。

3）联系识别

$L(T_{41})_1 = \{<p,q> \mid q \in \{SY_1\}, p \in \{SH_2, SH_5\}\}$ ：制定交通管制方案，并将执行方案下达给巡逻艇。

3.3.4.2　溢油围控方案执行

1）任务识别

指挥中心命令清污队伍和事故船舶执行围控方案 T_{42} 。

2）实体识别

事故辖区应急指挥中心，现场指挥中心 SY_2 ，本辖区自有清污船舶 SQ_1 或其他清污船舶 SQ_2 ，溢油事故船舶 SC_1 。

3）联系识别

$L(T_{42})_1 = \{<p,q> \mid q \in \{SY_1, SY_2\}, p \in \{SQ_1, SQ_2\}\}$ ：应急指挥中心联合现场指挥中心将方案下达给清污船舶，要求其围控事故船舶布设围油栏，控制油污扩散。

$L(T_{42})_2 = \{<p,q> \mid q \in \{SY_1, SY_2\}, p \in \{SC_1\}\}$ ：应急指挥中心联合现场指挥中心将方案下达给事故船舶，要求其按照围油栏布置方案进行围控，控制油污扩散。

3.3.4.3　溢油清除方案执行

1）任务识别

指挥中心命令清污队伍和事故船舶执行溢油清除方案 T_{43} 。

2）实体识别

事故辖区应急指挥中心 SY_1 ，现场指挥中心 SY_2 ，本辖区自有清污船舶 SQ_1 或其他清污船舶 SQ_2 ，溢油事故船舶 SC_1 。

3）联系识别

$L(T_{43})_1 = \{<p,q> | q \in \{SY_1, SY_2\}, p \in \{SQ_1, SQ_2\}\}$：应急指挥中心联合现场指挥中心将方案下达给清污船舶，要求其执行清除溢油方案。

$L(T_{43})_2 = \{<p,q> | q \in \{SY_1, SY_2\}, p \in \{SC_1\}\}$：应急指挥中心联合现场指挥中心将方案下达给事故船舶，要求其执行清除溢油方案。

3.3.4.4 溢油应急反应结束

1）任务识别

应急指挥中心根据溢油反应进展情况确定应急反应结束 T_{44} 。

2）实体识别

事故辖区应急指挥中心 SY_1 。

3）联系识别

T_{44} 属于决策类型，没有对应联系，$L = \varnothing$ 。

3.3.4.5 总结

应急方案实施阶段的实体和其对应的决策，以及联系的总结参见表 3-10。

表 3-10 应急方案实施阶段形式化

任务	任务集	实体-联系集	类型
交通管制方案	T_{41}	$L(T_{41})_1 = \{<p,q> \mid q \in \{SY_1\}, p \in \{SH_2, SH_5\}\}$	指挥
溢油围控方案	T_{42}	$L(T_{42})_1 = \{<p,q> \mid q \in \{SY_1, SY_2\}, p \in \{SQ_1, SQ_2\}\}$	指挥
溢油围控方案	T_{42}	$L(T_{42})_2 = \{<p,q> \mid q \in \{SY_1, SY_2\}, p \in \{SC_1\}\}$	指挥
回收清除方案	T_{43}	$L(T_{43})_1 = \{<p,q> \mid q \in \{SY_1, SY_2\}, p \in \{SQ_1, SQ_2\}\}$	指挥
回收清除方案	T_{43}	$L(T_{43})_2 = \{<p,q> \mid q \in \{SY_1, SY_2\}, p \in \{SC_1\}\}$	指挥
应急反应结束	T_{44}	$\varnothing$	无

3.4　基于组织视角的船舶溢油应急处置的关键组织因分析

3.4.1　组织内关键决策识别

3.4.1.1　关键决策

所谓关键决策[168]行为，须满足以下条件：

(1) 该决策行为对整个应急反应的效率和效果有重要影响。

(2) 该决策行为失误带来的后果是后续行为无法修正，或无法完全修正的。

(3) 该决策行为的失误效率较高，不可忽略。

3.4.1.2　关键决策识别

关键组织决策用 D 集表示。结合 S-R-K 行为分类法，对溢油应急处置组织内的决策行为进行关键识别，得出关键决策为：溢油事故报告 D_1，先期应急作业 D_2，海事部门赶赴现场 D_3，应急计划启动 D_4，围控方案选择 D_5，清污方案选择 D_6。具体如表 3-11 所示。

表 3-11　关键决策

关键决策	组织方	任务	表　示	含　义
溢油事故报告 D_1	SC_1	T_{11}	$D_1 = < SC_1 - T_{11} >$	溢油事故船方对报告溢油事故进行决策
先期应急作业 D_2	SC_1	T_{21}	$D_2 = < SC_1 - T_{21} >$	溢油事故船方对事故先期处理进行决策
海事部门赶赴现场 D_3	SH_1 / SY_1	T_{21}	$D_3 = < SH_1 / SY_1 - T_{21} >$	海事值班室，应急指挥中心对赶赴现场进行决策
应急计划启动 D_4	SY_1 / SY_3	T_{24}	$D_4 = < SY_1 / SY_3 - T_{24} >$	应急指挥中心，上一级应急指挥中心作出启动应急计划决策

（续表）

关键决策	组织方	任务	表　示	含　义
围控方案选择 D_5	SY_1 / SY_2 / SZ	T_{32}	$D_5 =< SY_1 / SY_2 / SZ\text{-}T_{32} >$	应急指挥中心、现场指挥部和专家作溢油围控方案选择的决策
清污方案选择 D_6	SY_1 / SY_2 / SZ	T_{33}	$D_6 =< SY_1 / SY_2 / SZ\text{-}T_{33} >$	应急指挥中心、现场指挥部和专家作溢油清污方案选择的决策

3.4.2 组织间关键联系识别[187]

3.4.2.1 关键组织

所谓关键组织，须满足以下条件：

(1) 高联系。该组织与系统中其他组织联系密切，或处于组织系统信息交换的中心。

(2) 重要性。该组织失效将会导致整个组织系统失效或效率降低。

3.4.2.2 关键联系

所谓关键组织联系，需要满足以下条件：

(1) 普遍性。该联系在各种类型应急处置中均存在。

(2) 重要性。如果缺失该联系，则应急处置将无法继续进行。

(3) 高频率。该联系在应急处置中出现的频率较高。

3.4.2.3 关键联系识别

1) 前提与资料

从本书的形式化描述可以看出，在船舶溢油应急处置的四个阶段中，应急方案制定阶段主要体现为组织内部的决策，因此本书仅考虑事故报告阶段、应急计划启动阶段和应急方案实施阶段涉及的组织及组织间联系。

为测算衡量关键组织及联系的相关指标，本书以《2006 年危防案例集》[163]涉及的 13 起船舶污染事故案例为样本，结合本书 3.3 形式化描述的联系，并利用软件 Unicef7 进行计算。得出结果如图 3-11，图 3-12 和图 3-13 所示的加权联系图，图中数据表示联系权重，即有向联系的次数，图中字母含义如表 3-4 所示。

2) 事故报告阶段关键组织和关键联系识别

首先给出事故报告阶段所涉及的组织间的联系如表 3-12 和图 3-11 所示。

表 3-12　事故报告阶段组织特性

符号	$C_D(n_i)$	$C'_D(n_i)$	$C_B(n_i)$	$C'_B(n_i)$
SH_1	15	26.786	8	14.286
SF_1	7	12.500	0	0
SC_1	4	7.143	5	8.929
SF_3	3	5.357	0	0
SY_3	2	3.571	0	0
SC_2	1	1.786	0	0

从表 3-12 可以看出：假设取 $C'_D(n_i)>5$，可得在事故报告阶段，关键组织为海事值班室、巡视船舶、事故船方和上一级海上溢油应急指挥中心。从 $C'_B(n_i)$ 可以看出，海事值班室和船方在组织关系方中同时承担着信息交换的角色。

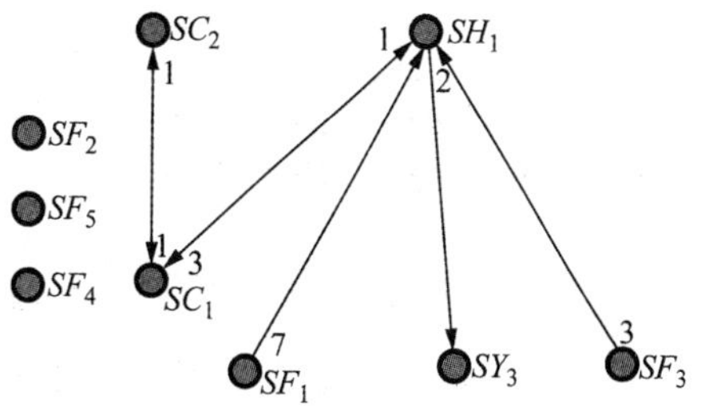

图 3-11　事故报告阶段组织间联系

从图 3-11 可以看出，联系频繁的组织包括 $\{SF_1\text{-}SH_1, SF_3\text{-}SH_1, SC_1\text{-}SH_1\}$。即：巡视船舶、事故周围船舶、事故船方将溢油事故报告给海事值班室。由于《预案》规定，事故船方必须向海事主管部门报告事故，不失一般性，这里仅考虑 $\{SC_1\text{-}SH_1\}$，形式化描述如下：

$$\{SC_1\text{-}SH_1\}: L(T_{11})_2=\{<p,q>|p\in\{SC_1\},q\in\{SH_1\}\}。$$

3) 应急计划启动阶段

给出应急计划启动阶段所涉及的组织间联系如表 3-13 和图 3-12 所示。

表 3-13　应急计划启动阶段组织特征

符号	$C_D(n_i)$	$C'_D(n_i)$	$C_B(n_i)$	$C'_B(n_i)$
SY_1	41	18.522	0	0
SH_2	13	5.882	0	0
SQ_1/SQ_2	12	5.430	0	0
SY_3	12	5.430	0	0

（续表）

符号	$C_D(n_i)$	$C'_D(n_i)$	$C_B(n_i)$	$C'_B(n_i)$
SH_4	1	0.452	0	0
SF_4	1	0.452	0	0
SH_3	1	0.452	0	0
SH_5	1	0.452	0	0

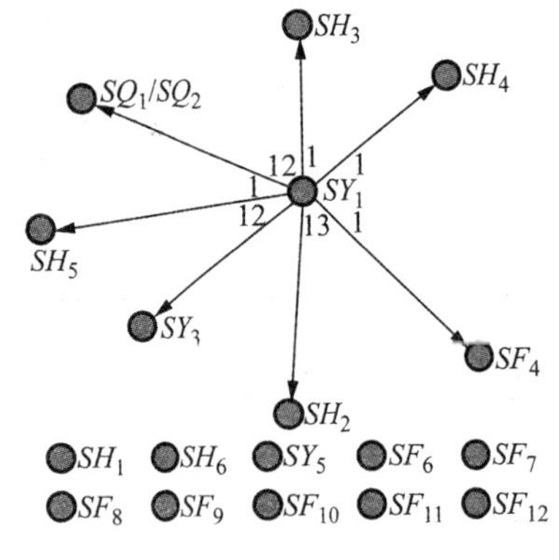

图 3-12 应急计划启动阶段联系图

从表 3-13 可以看出：若取 $C'_D(n_i) > 5$，可得在应急计划启动阶段，关键组织为应急指挥中心、巡逻艇、应急清污队伍、上一级海上溢油应急指挥中心。从 $C'_B(n_i)$ 可以看出，在这一阶段，不存在承担信息交换的中介组织。

从图 3-12 中可以看出，SY_1 为联系网中的核心，权重较大的联系为 $\{SY_1-SQ_1/SQ_2, SY_1-SH_2/SH_5, SY_1-SY_3\}$，由于 SY_1-SY_3 为指挥部内部联系，这里不作研究。因此，可以确定：应急指挥中心对巡逻艇下达到达溢油事故现场命令，巡逻艇对命令接受的联系；应急指挥中心对应急清污队伍下达到达溢油事故现场命令，清污队伍对命令接受的联系；应急指挥中心对上一级应急指挥中心进行报告的联系，其对应实体集和联系形式化描述如下：

$$\{SY_1\text{-}SH_2/SH_5\}: L(T_{24})_3 = \{<p,q> \mid p \in \{SY_1\}, q \in \{SH_2, SH_5\}\}$$

$$\{SY_1\text{-}SQ_1/SQ_2\}: L(T_{24})_4 = \{<p,q> \mid p \in \{SY_1\}, q \in \{SQ_1, SQ_2\}\}$$

4) 应急方案实施阶段

给出应急方案实施阶段组织间联系，如表 3-14 和图 3-13 所示。

表 3-14 应急方案实施阶段组织特征

符号	$C_D(n_i)$	$C'_D(n_i)$	$C_B(n_i)$	$C'_B(n_i)$
SY_2	51	78.462	2	10
SY_1	42	64.615	0	0
SH_2	26	40.000	0	0
SC_1	26	40.000	0	0
SQ_1/SQ_2	15	23.077	0	0

从表3-14可以看出：若取 $C'_D(n_i) > 5$，可得在应急方案实施阶段，关键组织为现场指挥部、应急指挥中心、巡逻艇、船方和应急清污队伍。从 $C'_B(n_i)$ 可以看出，在这一阶段，现场指挥部为信息交换的中介组织。

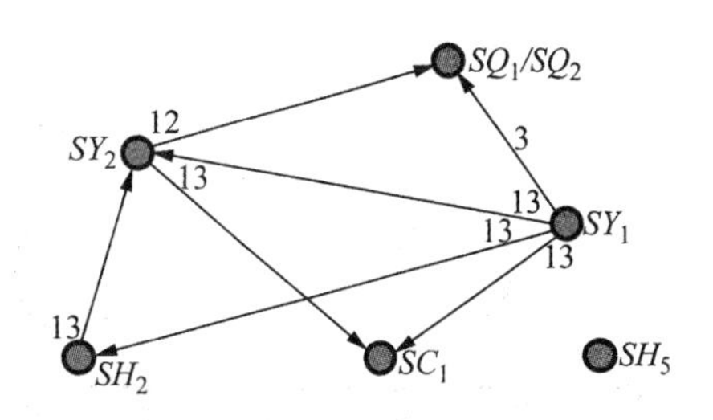

图3-13　应急方案实施阶段联系图

从图3-13中可以看出，权重较大的联系为 $\{SY_2\text{-}SH_2, SY_2\text{-}SC_1, SY_2\text{-}SQ_1/SQ_2, SY_2\text{-}SY_1, SY_1\text{-}SH_2, SY_1\text{-}SC_1\}$，由于 $SY_2\text{-}SY_1$，$SY_1\text{-}SH_2$，为海事部门内部联系，可靠性较高，本书不作研究。因此，应急方案实施阶段，涉及的关键联系应急指挥中心和现场指挥部对事故船方下达方案实施命令，船方执行并将执行情况向指挥中心报告的联系；现场指挥中心对清污队伍下达溢油清除回收指挥命令，清污队伍对命令执行并汇报的联系；现场指挥中心和应急指挥中心对巡逻艇下达方案执行命令，巡逻艇执行并汇报的联系；现场指挥中心和应急指挥中心之间的沟通联系。其对应实体和联系形式化描述如下：

$\{SY_1/SY_2\text{-}SC_1\}$：

$L(T_{42})_2 = \{<p,q> \mid q \in \{SY_1, SY_2\}, p \in \{SC_1\}\}$

$L(T_{43})_2 = \{<p,q> \mid q \in \{SY_1, SY_2\}, p \in \{SC_1\}\}$

$\{SY_2\text{-}SQ_1/SQ_2\}$：

$L(T_{42})_1 = \{<p,q> \mid q \in \{SY_2\}, p \in \{SQ_1, SQ_2\}\}$

$L(T_{43})_1 = \{<p,q> \mid q \in \{SY_2\}, p \in \{SQ_1, SQ_2\}\}$

3.5　船舶溢油应急处置的组织因可靠性界定

1）组织

组织可以描述为组织完成使命的决策任务元、因决策任务元而产生的组织间联系的组合，用图 $G_T = (V_T, E_T)$ 来表示，其中 V_T 表示组织内决策，$V_T = \{T_{ij}\}$，E_T 表示图中组织间联系，$E_T = \{L(T_{ij})_k\}$，具体概念图如图3-14所示。

2）组织因可靠性

组织因可靠性指由于不同求助主体（海事管理部门、船舶管理部门等）之间或同一求助主体内部不同救助个体之间的协调所造成的对应急预案可靠性的影响因素，以船舶溢油应急预案或专家认可的目标为标准。

3）组织因可靠性评价指标

本书基于组织视角对船舶溢油应急处置进行评价，所界定的可靠度的范围为[0,1]，主要衡量组织关系方进行应急处置的行动是否符合预案的要求，衡量的角

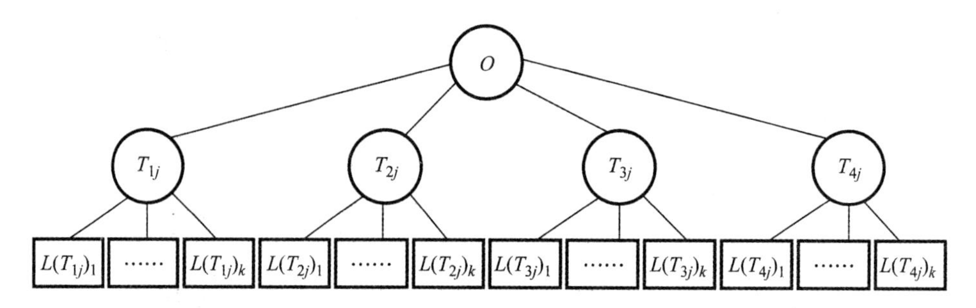

图 3-14　组织因概念图

度为组织关系方内部行为和组织关系方之间联系行为。

评价的指标集为 $U=\{LT,XL,XG\}$，即{连通性 LT，效率 XL，效果 XY}。其中：连通性 LT 表现为：组织关系方内部执行方案选择或组织关系方联系对象的准确度；效率 XL 表现为能够在规定时间完成规定任务；效果 XY 表现为指定的行为能够被正确地实现，是否会导致事故的升级。

评价指标集 $V=\{V_1,V_2,V_3,V_4,V_5\}$，具体为{好，良好，一般，较差，差}，具体描述见表 3-15。各个指标取关键点进行描述。

表 3-15　评价指标描述

可靠度	可靠情况	模糊描述/组织决策	模糊描述/组织间联系
(0.8,1]	好	方案在预案或专家认可的范围内 采用该方案能很好地及时有效地完成溢油清除和回收	完全符合预案或专家认可的要求 联系对象正确并且及时 联系信息能被正确地接受或执行
(0.6,0.8]	良好	方案在预案或专家认可的范围内 采用该方案较能及时有效地完成溢油清除和回收	较好符合预案或专家认可的要求 和正确的对象联系较及时 联系信息能被接受或执行
(0.4,0.6]	一般	方案在预案或专家认可的范围内 采用该方案基本能及时有效地完成溢油清除和回收	一般预案或专家认可的要求 和正确的对象联系存在滞后 联系信息能被较好地接受或执行但不会导致事故升级
(0.2,0.4]	较差	方案不在预案或专家认可的范围内 采用该方案将可能导致溢油清除和回收的失败	与预案或专家认可的要求存在偏差 和正确的对象联系存在严重滞后 联系信息不能被较好地接受或执行，存在小概率导致事故升级

（续表）

可靠度	可靠情况	模糊描述/组织决策	模糊描述/组织间联系
[0,0.2]	差	方案不在预案或专家认可的范围内 采用该方案不能完成溢油清除和回收	不符合预案或专家认可的要求 对象联系错误 发出的信息无法被接收方接受或执行，且导致事故升级的概率较大

4）组织内群体决策

对于特定的决策事件，个体决策在一定的决策规则进行融合，才能得出组织最终的群体决策，具体如图 3-15 所示。

按照 3.4.1.2 节，子组织的关键决策行为以 D 集合表示，$D=\{D_1, D_2, D_3, D_4, D_5, D_6\}$。

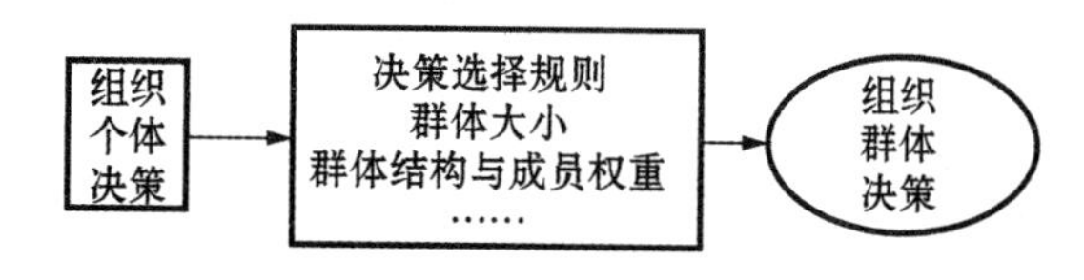

图 3-15　组织内部行为特征

5）组织间联系

组织的集体决策需要接受来自其他组织的信息报告，并将组织最终制定的决策向特定的执行组织发出指挥控制指令。组织间联系可以分为信息报告联系（B）和指挥控制联系（Z）。四个阶段的关键报告联系用 B 集表示，关键指挥控制联系用 Z 集表示。则 $B=\{B_1\}=\{L(T_{11})_2\}$；$Z=\{Z_1,Z_3,Z_4,Z_5\}$，其中 $Z_1=\{L(T_{24})_3\}$，$Z_3=\{L(T_{24})_4\}$，$Z_4=\{L(T_{42})_2, L(T_{43})_2\}$，$Z_5=\{L(T_{42})_1, L(T_{43})_1\}$。

为形式化描述组织因可靠性，本书给出下列界定：

$R_G(D_i)$：表示组织内群体决策的可靠性；

$R_L(B_i)$：表示组织间某报告联系的可靠性；

$R_L(Z_i)$：表示组织间某指挥控制联系的可靠性；

$R(J_i)$：基于组织视角，每一应急处置阶段的可靠性；

$R(O)$：基于组织视角的整个船舶溢油应急处置可靠性。

3.6　本章小结

本章首先基于各类应急处置计划，对应急处置流程中所涉及的组织和组织间联系进行了分析，利用集合论思想，给出了事故报告、应急计划启动、应急方案生成和应急方案实施四个阶段的任务、实体和关系的形式化描述。

其次，对形式化分析的结果，利用社会网络分析法对溢油应急处置中的关键组织和联系进行了识别，经过分析发现：在事故报告阶段，关键联系为事故船方向海事值班室进行溢油事故报告的联系；在应急计划启动阶段，关键联系为应急指挥中心、巡逻艇、清污队伍和现场指挥部之间有关应急计划启动的联系；在应急方案实施阶段，关键联系为应急指挥中心和现场指挥部与巡逻艇、事故船方和应急清污队伍有关应急方案实施的指挥控制联系，以及现场指挥部和应急指挥中心之间的沟通联系。

最后，在上述基础上，给出了组织因可靠性衡量的指标体系，以及可靠性衡量的对象为组织内群体决策可靠性和组织间联系行为可靠性。

第4章 船舶溢油应急处置的组织内群体决策可靠性分析

4.1 船舶溢油应急处置的组织内群体决策理论框架

4.1.1 理论基础

群体决策研究一个群体如何共同进行一项联合行动抉择，研究的内容包括决策目标、集结规则和决策组织的确定[56]。

群体决策为在个体决策的基础上通过集结规则对指定方案进行选择。因此，为了研究群体决策概率偏好，需界定决策事件、决策方案、某方案下群体构成、个体决策概率偏好、个体权重分配以及方案通过规则。

4.1.2 研究对象

本章研究对象为组织内群体决策概率偏好和可靠性。

个体决策和群体决策的主要区别是：群体决策过程中存在群体交互过程和个体偏好集结过程两个阶段。在海事溢油危机应急过程中，由于个体决策的责任和压力较大，且个体认识水平有限，因此往往最终决策由群体给出。本书将对个体集成的群体组织行为决策给出分析，再将海上船舶溢油应急处置的组织内行为外化为对应急流程中相关方案进行抉择。组织关系方对方案的选择由以下因素组成：{群体构成(N)，决策事件(D)，决策方案(e)，个体权重分配(α)，方案通过规则(f)}。

4.1.3 研究方法

4.1.3.1 特性分析

1) 决策事件集

决策事件：船舶溢油应急处置所涉及的决策事件用 $D=\{D_1, D_2, D_3, D_4, D_5, D_6\}$ 描述，其中 D_i 表示第 i 个事件。

(2) 决策方案集

决策方案：对于每一个决策事件 D_i，存在着不同的方案 e_{im}，其为与 D_i 相关的第 m 个方案。

根据 2001 年《中国海上船舶溢油应急计划》，船舶溢油应急处置中涉及的决策事件和对应方案如下。

事件溢油事故报告(D_1) 对应的决策方案是向海事部门报告(e_{11})；事件溢油先期处置(D_2) 对应的决策方案是不停止作业也不清除溢油(e_{21})、不停止作业但清除溢油(e_{22})、停止作业但不清除溢油(e_{23})、停止作业且清除溢油(e_{24})；事件现场查看(D_3) 对应的决策方案是赶赴现场(e_{31})；事件应急计划启动(D_4) 对应的决策方案是不启动应急计划(e_{41})、启动本级应急计划(e_{42})、启动上一级应急计划(e_{43})；事件是否使用围油栏(D_5) 对应的决策方案是使用围油栏进行围控(e_{51})，不使用围油栏进行围控(e_{52})；事件清污方法制定(D_6) 对应的决策方案是自然风化降解(e_{61})、机械回收(e_{62})、焚烧(e_{63})、化学剂分散(e_{64})、机械回收和化学剂分散(e_{65})、化学剂分散和焚烧(e_{66})、机械回收与化学剂分散和焚烧(e_{67})。

3) 群体构成

群体构成：船舶溢油应急处置涉及 15 个个体 $N = \{n_1, n_2, \cdots, n_j \cdots, n_{15}\}$，其中 n_j 表示第 j 个个体，具体包括：船长(n_1)，轮机长(n_2)，大副(n_3)，船公司代理(n_4)，应急值班人(n_5)，指挥中心人员(n_6)，辖区应急总指挥(n_7)，辖区应急副总指挥(n_8)，局级应急总指挥(n_9)，局级应急副总指挥(n_{10})，现场总指挥(n_{11})，现场副总指挥(n_{12})，专家(设为 3 个 n_{13}, n_{14}, n_{15})。

这些个体又根据不同决策事件构成不同群体 N_q，某决策事件可能对应 1 个群体，也可能对应不同群体。本书中分别记为：D_1 对应的群体为 N_1，D_2 对应 N_2，D_3 对应 N_3，D_4 对应的群体为 N_4 和 N_5，D_5 对应的群体为 N_6 和 N_7，D_6 对应的群体为 N_6 和 N_7。

4) 个体权重分配

对各个成员的决策权力指数分配的方法为两种：{同质，非同质}，设权重指数为 α。所谓同质即个体平等，权重相同；非同质即个体权利不相等。方案抉择过程中决策者权力分配可采用经典的 Shapley 指数。本书中非同质权力分配采用 Shapley 值[164]，计算公式如下：

$$\phi_i(v) = \sum_{\substack{T \subset \mathbf{N} \\ i \in T}} \frac{(T-1)!(|N|-|T|)!}{|N|!}[v(T) - v(T - \{i\})] \tag{4-1}$$

式中：设 n 人的集合，$N = \{1, 2, 3, \cdots, n\}$；$i = 1, 2, \cdots, n$；$v$ 是一个简单的博弈函数；$\phi_i(v)$ 即为 Shapley 值的一种表示形式。

5) 方案通过规则

决策规则 (f)：可以分为三类：同质委员会，非同质委员会，层级模型和混合模型[165]。同质委员会和非同质委员会做出决策的规则为:“投票达到 k 票通过方案(k 为方案通过票数,即设有 θ 个投赞票,当 $\theta \geqslant k$ 时,决策对象被通过)”,或加权规则(即对投票者赋予一定的权重);层级规则做出决策的规则为:个体决策需经上层每一级批准,而且任何一层都有否决权。混合模型是委员会模型和层级模型的混合。令 $S(n_j)$ 为 n_j 的子节点,若 $S(n_j)=\varnothing$,则表示 n_j 没有下属,委员会规则下所有 $S(n_j)=\varnothing$,层级规则下有 $S(n_j)\neq\varnothing$[166,167]。

4.1.3.2 群体决策选择偏好

1) 个体选择概率偏好

对于决策事件 D_1 和 D_3,存在唯一正确方案,记为 e_{11} 和 e_{31};对于其他决策事件 D_i,存在若干方案,e_{im} 记为与 D_i 相关的第 m 个方案。

2) 群体选择概率偏好

针对有唯一正确方案的事件 $D_i(i=1,3)$:

若个体 n_j 执行正确方案,记为 $g(n_j)=e_{i1}$,n_j 执行正确方案 e_{i1} 的概率记为 $P(g(n_j)=e_{i1})$;群体 N_q 对个体执行方案的概率集成,则记为 $P(f(D_i \mid N_q)=e_{i1})$,在 k 票规则下的概率记为 $P_{(k)}(f(D_i \mid N_q)=e_{i1})$。

针对其他有若干决策方案的事件 $D_i(i=2,4,5)$:

若个体 n_j 选择某方案,则记为 $g(n_j)=e_{im}$,n_j 选择 e_{im} 的概率记为 $P(g(n_j)=e_{im})$;群体 N_q 对个体选择某方案的概率集成,则记为 $P(f(D_i \mid N_q)=e_{im})$,在 k 票规则下的概率记为 $P_{(k)}(f(D_i \mid N_q)=e_{im})$。

理论上按照预案规定,发生溢油后必须进行事故报告,即采用同质或非同质委员会模型进行决策时,$k=0$;但如果真的 $k=0$,就无法明确决策主体,因此实践中有必要针对 $k>0$ 时的决策偏好情况展开分析。

3) 群体决策可靠性

令方案 e_{im} 的可靠性用 $r(e_{im})$ 表示,则 D_i 的群体决策可靠性

$$R_G(D_i)=\sum_m P(f(D_i \mid N_q)=e_{im})\cdot r(e_{im}) \tag{4-2}$$

4.2 船舶溢油应急处置的组织内群体决策偏好分析[186]

按照《中国海上船舶溢油应急计划》等,本书 3.3 节已对海事溢油的应急流程和组织进行了概念化描述,在此基础上,本书将对 3.4 节所界定的关键组织内决策进行分析。

对于船舶溢油应急处置中组织内个体权重分配、方案通过的规则和群体构成,

在预案中并没有明确地给出。本书结合《预案》、《计划》、专家分析和常规惯例，在下节中针对各种具体决策情境给予描述。

4.2.1 船舶溢油事故报告决策

4.2.1.1 特性分析

事故报告阶段的关键决策事件为 $D_1 = < SC_1 \text{-} T_{11} >$，即船方 SC_1 向海事值班室 SH_1 是否发出事故报告，具体要素分析如下：

1) 群体构成

根据《中国船上船舶溢油应急计划》，做出向海事部门进行事故报告的决策者通常包括船长 n_1，轮机长 n_2，大副 n_3 和船公司代理 n_4。$N_1 = \{ n_1, n_2, n_3, n_4 \}$ 。

2) 决策方案

事故发生后，必须进行事故报告(D_1)，决策变量 $g(n_i)$ 表示决策者 n_j 执行向海事部门报告的方案 e_{11} 。令 $g(n_j) = e_{11}$ ，即决策者 n_j 选择方案 e_{11} ，其中 e_{11} 为向海事部门报告的方案。

通过集结规则 f ，可以确定群体 N_1 的唯一的决策结果：$f(D_1 \mid N_1) = e_{11}$ ，即群体 N_1 选择方案 e_{11} 。

3) 个体权重分配

若采用同质规则，则 $\{n_1, n_2, n_3, n_4\}$ 通过事故报告的权重相等；若采用非同质规则，则根据实际情况并在简化问题的前提下，赋予船长 n_1 较大的权重 α，赋予 $\{n_2, n_3, n_4\}$ 权重 $(1-\alpha)/3$。不失一般性，设 $\alpha = 0.5$，即赋予船长 3 票，$\{n_2, n_3, n_4\}$ 各 1 票。

4) 方案通过规则

根据实际情况，决策事件 (D_1) 采用同质委员会或非同质委员会，即船长、轮机长、大副、代理共同决定是否向海事部门进行事故报告，则可以记为：$N_1 = \{n_1, n_2, n_3, n_4\}$ ，且 $S(n_1) = \emptyset$ ，$S(n_2) = \emptyset$ ，$S(n_3) = \emptyset$ ，$S(n_4) = \emptyset$ 。

4.2.1.2 基于同质委员会的分析

1) 基本公式

设群体为 $N_1 = \{n_1, n_2, n_3, n_4\}$，决策事件为事故报告$(D_1)$，采用同质委员会和 k 票规则。理论上按照预案规定，发生溢油后必须进行事故报告，即采用同质或非同质委员会模型进行决策时，$k = 0$；但如果真的 $k = 0$，就无法明确决策主体，因此实践中有必要针对 $k > 0$ 时的决策偏好情况展开分析。

令 $P(g(n_j) = e_{11}) = p_1$，则群体 N_1 选择 e_{11} 的概率[169]

$$P_{(k)}(f(D_1 \mid N_1) = e_{11}) = P_{(k+1)}(f(D_1 \mid N_1) = e_{11}) + C_4{}^k(1-p_1)^{4-k}(p_1)^k \tag{4-3}$$

基于以上公式，给出 $k = 1 \sim 4$ 票情况下，群体 N_1 进行事故报告的概率，具体如表 4-1 和图 4-1 所示。

表 4-1　N_1 同质群体决策

k 值	群体决策偏好
$k = 4$ 票	$P_{(4)}(f(D_1 \mid N_1) = e_{11}) = (p_1)^4$
$k = 3$ 票	$P_{(3)}(f(D_1 \mid N_1) = e_{11}) = P_{(4)}(f(D_1 \mid N_1) = e_{11} + 4(p_1)^3(1-p_1)$
$k = 2$ 票	$P_{(2)}(f(D_1 \mid N_1) = e_{11}) = P_{(3)}(f(D_1 \mid N_1) = e_{11} + 6(p_1)^2(1-p_1)^2$
$k = 1$ 票	$P_{(1)}(f(D_1 \mid N_1) = e_{11}) = P_{(2)}(f(D_1 \mid N_1) = e_{11} + 4(p_1)(1-p_1)^3$

2) 分析

令 p_1 在[0,1]变化，可得到不同 k 下的事故报告概率，如图 4-1 所示。

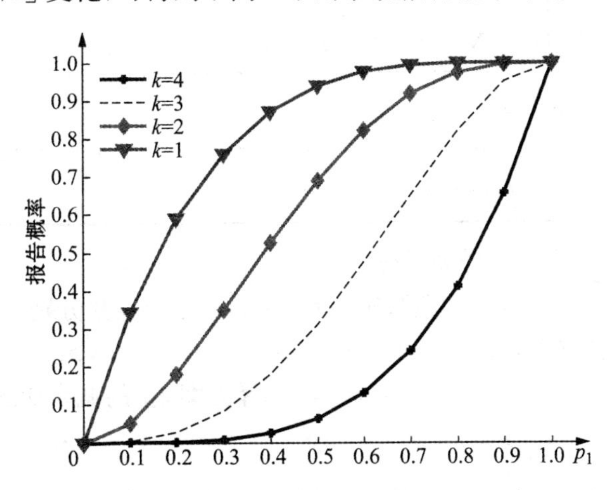

图 4-1　p_1 变化的报告概率

从图 4-1 中可以看出：

随着 k 值的减小，则执行事故报告方案的概率增加；随着决策个体 n_j 执行事故报告方案的概率 p_1 增大，群体 N_1 执行事故报告的概率增加；当采用 1 票规则，或 2 票规则且 $p_1 > 0.24$，或 3 票规则且 $p_1 > 0.78$ 时，群体执行事故报告的概率将会高出船长独自决策的概率。

由上可以推断，为了及时且准确进行事故报告，在实践中，可以设置 $k = 1$ 票规则，即船长、轮机长、大副、代理任一人有权最终决定报告事故。此外，若能提升船长、大副进行事故报告的偏好，也能提高及时准确报告事故的可靠性。

4.2.1.3 基于非同质委员会的分析

1) 基本公式

实践中，船长是首要决策者，因此事故报告决策事件(D_1)也可采用非同质委员会模型。不失一般性，设$\{n_2, n_3, n_4\}$拥有1票，n_1拥有的票数分别为1～5票，$k=3$。

令$P(g(n_1)=e_{11})=p_2$，$P(g(n_j)=e_{11})=p_3(j=2,3,4)$，则群体选择事故报告方案$f(N_1)=e_{11}$的概率如表4-2所示。

表4-2 N_1非同质群体决策

方案通过票数	群体 N_1 选择事故报告方案的概率
3	n_1 拥有1票时， $P(f(D_1 \mid N_1)=e_{11})=(p_3)^3+p_2(1-p_3)(p_3)^2$
3	n_1 拥有2票时， $P(f(D_1 \mid N_1)=e_{11})=3p_2p_3(1-p_3)^2+3p_2(p_3)^2(1-p_3)+(p_3)^3$
3	n_1 拥有3-5票时， $P(f(D_1 \mid N_1)=e_{11})=p_2(p_3)^3+3p_2p_3(1-p_3)^2+3p_2(p_3)^2(1-p_3)+p_2(1-p_3)^3+(1-p_2)(p_3)^3$

2) 个体权重与方案选择关系分析

个体权重可用个体分配的票数来表示。在船长分配票数分别为1～5票，其他个体均为1票的情况下，设$p_2=0.4$，$p_3=0.6$或$p_2=0.5$，$p_3=0.5$或$p_2=0.6$，$p_3=0.4$或$p_2=0.7$，$p_3=0.3$，得到N_1选择方案e_{11}的概率如图4-2所示。

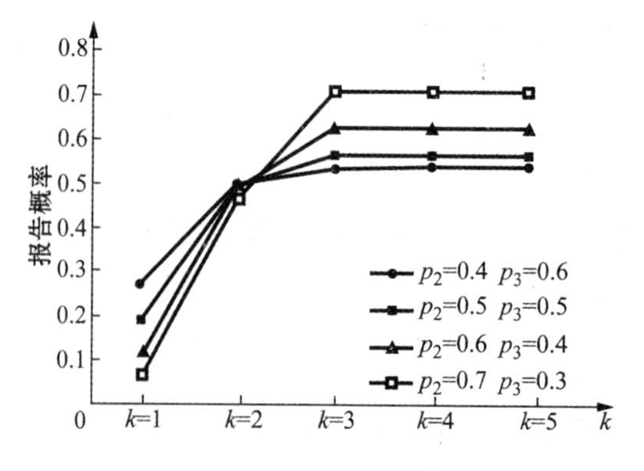

图4-2 k变化的报告概率

从图 4-2 中可以看出：

当 $k \geqslant 3$ 时，选择事故报告方案的概率不再随着票数增加而变化，这说明当船长的权重达到一定水平后，决策结果将不受他人影响。

3）个体概率与方案选择关系分析

分别令 $p_2 = 0.2, 0.4, 0.6, 0.8, 1, k = 4$，当 $p_3 \in (0,1)$，执行事故报告方案 $f(D_1 \mid N_1) = e_{11}$ 的概率如图 4-3 所示。

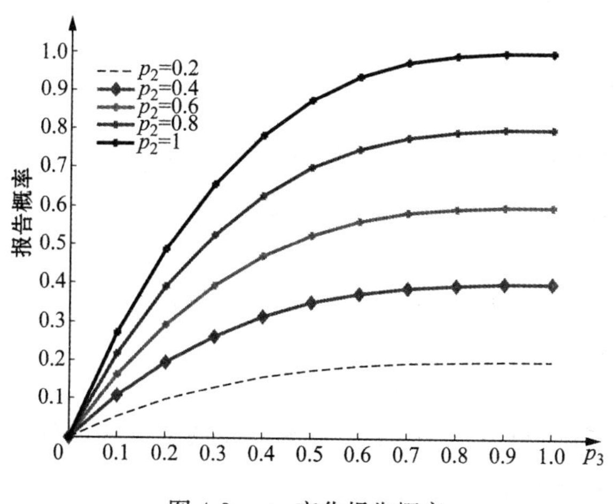

图 4-3 p_3 变化报告概率

分别令 $p_3 = 0.2, 0.4, 0.6, 0.8, 1, k = 4$ 时，当 $p_2 \in (0,1)$，执行事故报告方案 $f(D_1 \mid N_1) = e_{11}$ 的概率偏好如图 4-4 所示。

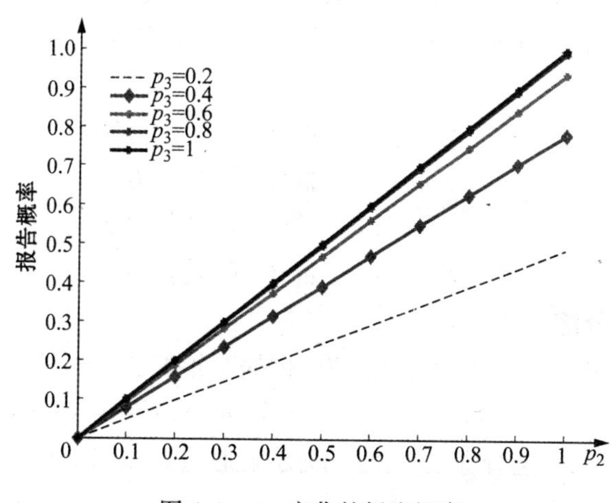

图 4-4 p_2 变化的报告概率

从图 4-3 和图 4-4 中可以看出，随着个体事故报告偏好的提高，群体执行事故报告的概率也随之提高；其中，船长的影响高于其他人。

若采用非同质，k 票方案通过规则，因船长是船舶危机时刻的首要决策者，从而需赋予船长较大的权重，那么这个权重的大小以及权重对整个事故报告决策行为的影响度有必要进行考虑。

4.2.2 船舶溢油事故先期处理决策

4.2.2.1 特性分析

船舶溢油先期处理的关键决策为 $D_2 = < SC_1\text{-}T_{21} >$，为船方 SC_1 做出溢油先期处置的可行方案决策。群体决策的要素具体分析如下：

1）群体构成

根据《船上油污应急计划》，做出行动方案的决策者包括船长 n_1，轮机长 n_2，大副 n_3，$N_2 = \{n_1, n_2, n_3\}$。

2）决策界定

D_2（溢油先期处置方案）是一个多方案群体决策事件，$g(n_i)$ 表示决策者在多个互斥的方案中进行选择。

$$g(n_j) = \begin{cases} e_{21} & \text{决策者 } n_j \text{ 选择方案 } e_{21}, e_{21} = \text{不停止作业也不清除溢油} \\ e_{22} & \text{决策者 } n_j \text{ 选择方案 } e_{22}, e_{22} = \text{不停止作业但清除溢油} \\ e_{23} & \text{决策者 } n_j \text{ 选择方案 } e_{23}, e_{23} = \text{停止作业但不清除溢油} \\ e_{24} & \text{决策者 } n_j \text{ 选择方案 } e_{24}, e_{24} = \text{停止作业且清除溢油} \end{cases}$$

群体 N_2 有 3 个决策选择，对任意决策选择，通过集结规则可以确定唯一的群体决策结果。即：

$$f(D_2 | N_2) = \begin{cases} e_{21} & \text{群体 } N_2 \text{ 选择方案 } e_{21} \\ e_{22} & \text{群体 } N_2 \text{ 选择方案 } e_{22} \\ e_{23} & \text{群体 } N_2 \text{ 选择方案 } e_{23} \\ e_{24} & \text{群体 } N_2 \text{ 选择方案 } e_{24} \end{cases}$$

3）个体权重分配

实践中，大副和轮机长提出处置方案，再提交给船长，设：$V(n_1) = 1$，$V(n_2) = 0$，$V(n_3) = 0$，$V(n_1, n_2) = 1$，$V(n_1, n_3) = 1$，$V(n_2, n_3) = 1$，$V(n_1, n_2, n_3) = 1$，其中 $V(n_j) = 1$ 表示当 n_j 选择某方案时，该方案通过，$V(n_j) = 0$ 表示该方案没有通过[165]。

则有：$P(g(n_1) = e_{2m} \mid g(n_2) = e_{2m})$，$P(g(n_3) = e_{2m}) = 1$；另采用 Shapley 指

数计算[164]，得 $P(g(n_1)=e_{2m}\mid g(n_2)=e_{2m})$ 和 $P(g(n_1)=e_{2m}\mid g(n_3)=e_{2m})$ 均为 1/3。

4）方案通过规则

溢油事故先期处理中，预案没有明确规定决策群体的组成结构。在专家访谈中获知，在溢油事故先期处理中，n_2 和 n_3 分别提供自己的决策方案给船长 n_1，船长 n_1 再决定选择何种方案，此时层级模型为：$N_2=\{n_1,n_2,n_3\}$，$S(n_1)=\{n_2,n_3\}$，$S(n_2)=\varnothing$，$S(n_3)=\varnothing$。

4.2.2.2　溢油先期处置决策偏好

1）一般公式

令不同决策人选择溢油事故先期处理方案 e_{2m} 的概率为：轮机长 $P(g(n_2)=e_{2m}=p_4^m$，大副 $P(g(n_3)=e_{2m})=p_5^m$，船长 $P(g(n_1)=e_{2m})=p_6^m$，$(m=1,2,3,4)$。

综上，可得群体选择先期处置方案 e_{2m} 的概率如下：

$$P(f(D_2\mid N_2)=e_{2m})=\frac{1}{3}(p_4^m+p_5^m-2p_4^mp_5^m)+p_6^m(1-p_4^m-p_5^m+p_4^mp_5^m)+p_4^mp_5^m$$

标准归一化后：

$$P(f(D_2\mid N_2)=e_{2m})'=\frac{P(f(D_2\mid N_2)=e_{2m})}{\sum_m f(D_2\mid N_2)=e_{2m}}\tag{4-4}$$

2）分析

假设 $p_4^m=p_5^m$，且分别取值为 0.2，0.4，0.6，0.8，1，当 $p_6^m\in(0,1)$ 时，选择某先期处置方案 e_{2m} 的概率如图 4-5 所示。

假设 p_6^m 分别取值为 0.2，0.4，0.6，0.8，1，若 $p_4^m=p_5^m$，当 $p_4^m\in(0,1)$ 时，选择某先期处置方案 e_{2m} 的概率如图 4-6 所示。

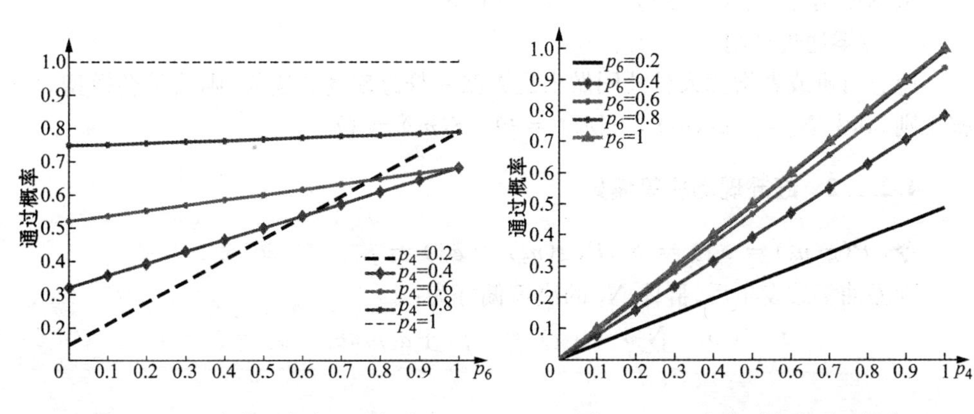

图 4-5　p_6^m 变化下方案通过概率　　　图 4-6　p_4^m 变化下方案通过概率

从图 4-5 可以看出,若轮机长和大副均选择某种先期溢油处置方案时,则该方案通过;若轮机长和大副选择某方案的概率较低时,该方案最终通过的概率主要受船长偏好的影响。

从图 4-6 可以看出,若船长倾向于选择某方案,而轮机长和大副拒绝此方案,则方案通过的概率较高,但低于船长的个体偏好;若轮机长和大副都倾向于选择某方案,则该方案的最终通过将不受船长个体偏好的影响。

4.2.3 海事部门赶赴现场决策

4.2.3.1 特性分析

关键决策事件为 $D_3 = < SH_1, SY_1\text{-}T_{21} >$,其中 SH_1 为事故辖区海事值班室,SY_1 为事故辖区应急指挥中心。T_{21} 为海事值班室或应急指挥中心或其他辖区海事主管人员派船舶或飞机赶赴现场。

1) 群体构成

海事部门接受事故报告后,做出行动方案的决策者包括应急值班人、指挥人员,设 $N_3 = \{n_5, n_6\} = \{$应急值班人,指挥人员$\}$ 。

2) 决策方案

事故发生后,需要专人迅速赶赴事故现场调查取证,即决策事件 D_3。$g(n_j) = e_{31}$ 表示决策变量 $g(n_j)$ 表示决策者 n_j 执行派专人赶赴现场的方案 e_{31}。

群体 N_3 有 2 个决策选择,对任意决策选择,通过集结规则可以确定唯一的群体决策结果。$f(D_3 \mid N_3) = e_{31}$ 表示群体 N_3 执行方案 e_{31}。

3) 个体权重分配

根据惯例,假设权重相同。$\alpha_1 = \alpha_2 = 0.5$ 。

4) 方案通过规则

应急值班或者指挥人员共同做出是否派人赶赴现场的决策,则委员会模型,加权规则,其中 $N_3 = \{n_5, n_6\}$, $S(n_5) = \emptyset$, $S(n_6) = \emptyset$ 。

4.2.3.2 赶赴现场决策偏好

令:$P(g(n_5) = e_{31}) = p_7, P(g(n_6) = e_{31}) = p_8$,

则溢油事故发生后,群体 N_3 的决策偏好为:

$$P(f(D_3 \mid N_3) = e_{31}) = \alpha_1 p_7 + \alpha_2 p_8, \alpha_1 + \alpha_2 = 1 \tag{4-5}$$

4.2.4 应急计划启动决策

4.2.4.1 特性分析

关键决策为 $D_4 = < SY_1/SY_3\text{-}T_{24} >$,即应急指挥中心或上一级应急指挥中心对应急计划启动做出决策。

1) 群体构成

根据《中国海上溢油应急计划》,应急指挥中心的决策个体为应急总指挥 n_7 和应急副总指挥 n_8;上一级应急指挥中心的决策个体为上一级应急总指挥 n_9 和上一级应急副总指挥 n_{10}。设 $N_4 = \{n_7, n_8\}$, $N_5 = \{n_7, n_8, n_9, n_{10}\}$。

2) 决策方案

D_4(如何启动应急计划)是一个多过程群体决策问题, $g(n_j)$ 对方案的选择描述如下:

$$g(n_j) = \begin{cases} e_{41} \text{ 表示决策者 } n_j \text{ 选择方案 } e_{41}, e_{41} \text{ 即不启动应急计划} \\ e_{42} \text{ 表示决策者 } n_j \text{ 选择方案 } e_{42}, e_{42} \text{ 即仅启动本级应急计划} \\ e_{43} \text{ 表示决策者 } n_j \text{ 选择方案 } e_{43}, e_{43} \text{ 即启动更高级应急计划} \end{cases}$$

群体 N 有3个决策选择,对任意决策选择,通过集结规则可以确定唯一的群体决策结果。

$$f(D_4 \mid N_4) = \begin{cases} e_{41} \text{ 群体 } N_4 \text{ 选择 } e_{41} \\ e_{42} \text{ 群体 } N_4 \text{ 选择 } e_{42} \\ e_{43} \text{ 群体 } N_4 \text{ 选择 } e_{43} \end{cases} \quad f(D_4 \mid N_5) = \begin{cases} e_{41} \text{ 群体 } N_5 \text{ 选择 } e_{41} \\ e_{42} \text{ 群体 } N_5 \text{ 选择 } e_{42} \\ e_{43} \text{ 群体 } N_5 \text{ 选择 } e_{43} \end{cases}$$

3) 个体权重分配

根据惯例,假设权重相同。

4) 方案通过规则

采用混合模型, $S(n_7) = \varnothing$, $S(n_8) = \varnothing$, $S(n_9) = \{n_7, n_8\}$, $S(n_{10}) = \{n_7, n_8\}$ 。

4.2.4.2 应急计划启动选择偏好

令 $P(g(n_7) = e_{4m}) = p_9^m$, $P(g(n_8) = e_{4m}) = P_{10}^m$, $P(g(n_9) = e_{4m}) = p_{11}^m$, $P(g(n_{10}) = e_{4m}) = p_{12}^m$。

若 $f(D_4 \mid N_4) = e_{41}$ 或 e_{42},则:

$$P(f(D_4 \mid N_4)) = \alpha_3 p_9^m + \alpha_4 p_{10}^m, \quad \alpha_3 + \alpha_4 = 1 \tag{4-6}$$

若 $f(D_4 \mid N_4) = e_{43}$,则将会触发对决策群体 N_5 的决策,则

$$P(f(D_4 \mid D_5)) = (\alpha_3 p_9^m + \alpha_4 p_{10}^m)(\alpha_5 p_{11}^m + \alpha_6 p_{12}^m),$$
$$\alpha_3 + \alpha_4 = 1, \alpha_5 + \alpha_6 = 1 \tag{4-7}$$

4.2.5 应急方案制定决策

应急方案制定的关键决策为围控方案选择 $D_5 = < SY_1/SY_2/SZ\text{-}T_{32} >$、清污方案选择 $D_6 = < SY_1, SY_2, SZ\text{-}T_{33} >$。应急方案的制定由指挥部给出，专家对溢油应急行动及时提供技术咨询，由现场指挥根据现场情况再向指挥部作出决策建议。

4.2.5.1 特性分析

1) 群体构成

应急方案涉及较多的部门和人员。根据《预案》以及调研访谈，应急方案制订涉及的决策者主要包括：现场指挥 n_{11}，现场副指挥 n_{12}，应急总指挥 n_7，应急副总指挥 n_8，应急专家 n_{13}，n_{14}，n_{15}（不失一般性，应急专家的个数设为 3）。这些个体组成群体 $N_6 = \{n_{11}, n_{12}, n_7\}$，$N_7 = \{n_7, n_8, n_{13}, n_{14}, n_{15}\}$。

2) 决策界定

在现场作业行为决策中，具体的行动方案有：D_5 =｛使用围油栏进行围控；不使用围油栏进行围控｝；D_5 属于二分群体决策问题，

$$g(n_j) = \begin{cases} e_{51} & \text{表示决策者 } n_j \text{ 选择方案 } e_{51}, e_{51} \text{ 即使用围油栏} \\ e_{52} & \text{表示决策者 } n_j \text{ 选择方案 } e_{52}, e_{52} \text{ 即不使用围油栏} \end{cases}$$

$$f(D_5 \mid N_6, N_7) = \begin{cases} e_{51} & \text{群体 } N_6, N_7 \text{ 选择 } e_{51} \\ e_{52} & \text{群体 } N_6, N_7 \text{ 选择 } e_{52} \end{cases}$$

D_6 =｛自然风化降解；机械回收；焚烧；化学剂分散；机械回收和化学剂分散；机械回收和焚烧；化学剂分散和焚烧；机械回收与化学剂分散和焚烧｝。

$$g(n_j) = \begin{cases} e_{61} & \text{表示决策者 } n_j \text{ 选择方案 } e_{61}, e_{61} \text{ 即自然风化降解} \\ e_{62} & \text{表示决策者 } n_j \text{ 选择方案 } e_{62}, e_{62} \text{ 即机械回收} \\ e_{63} & \text{表示决策者 } n_j \text{ 选择方案 } e_{63}, e_{63} \text{ 即焚烧} \\ e_{64} & \text{表示决策者 } n_j \text{ 选择方案 } e_{64}, e_{64} \text{ 即化学剂分散} \\ e_{65} & \text{表示决策者 } n_j \text{ 选择方案 } e_{65}, e_{65} \text{ 即机械回收和化学剂分散} \\ e_{66} & \text{表示决策者 } n_j \text{ 选择方案 } e_{66}, e_{65} \text{ 即机械回收和焚烧} \\ e_{67} & \text{表示决策者 } n_j \text{ 选择方案 } e_{67}, e_{66} \text{ 即化学剂分散和焚烧} \\ e_{68} & \text{表示决策者 } n_j \text{ 选择方案 } e_{68}, e_{67} \text{ 即机械回收与化学剂分散和焚烧} \end{cases}$$

$$f(D_6 \mid N_6, N_7) = \begin{cases} e_{61} & 群体 N_6, N_7 选择 e_{61} \\ e_{62} & 群体 N_6, N_7 选择 e_{62} \\ e_{63} & 群体 N_6, N_7 选择 e_{63} \\ e_{64} & 群体 N_6, N_7 选择 e_{64} \\ e_{65} & 群体 N_6, N_7 选择 e_{65} \\ e_{66} & 群体 N_6, N_7 选择 e_{66} \\ e_{67} & 群体 N_6, N_7 选择 e_{67} \\ e_{68} & 群体 N_6, N_7 选择 e_{68} \end{cases}$$

3) 个体权重分配

由于指挥比副指挥的权重要大,故设围控方案和清污方案下 $\{n_{11}, n_{12}\}$ 的权重分别为 $\alpha_7, \alpha_8, \alpha_9, \alpha_{10}$,其中: $\alpha_7 > \alpha_8, \alpha_9 > \alpha_{10}$ 。

4) 方案通过规则

混结构模型:对于一般的溢油事故,由现场指挥 n_{11}、现场副指挥 n_{12} 提出决策方案,并提交给应急总指挥 n_7 予以选择。$\{n_{11}, n_{12}\}$ 内部对方案的选择为委员会模型,$\{n_{11}, n_{12}\}$ 向$\{n_7\}$ 提交方案属于层级模型。涉及群体为 N_6。

委员会:对于较大的溢油事故,应急指挥中心会召开会议进行讨论,这里假设人员包括:应急总指挥 n_7、应急副总指挥 n_8、应急专家 n_{13}, n_{14}, n_{15}。涉及群体为 N_7。

4.2.5.2　应急方案制定选择偏好

令:对于围控方案选择 D_5

$P(g(n_{11}) = e_{5m}) = p_{13}^m, P(g(n_{12}) = e_{5m}) = p_{14}^m, P(g(n_7) = e_{5m}) = p_{15}^m$,
$P(g(n_8) = e_{5m}) = p_{16}^m, P(g(n_{13}) = e_{5m}) = p_{17}^m, P(g(n_{14}) = e_{5m}) = p_{18}^m$,
$P(g(n_{15}) = e_{5m}) = p_{19}^m$;

令:对于清污方案选择 D_6

$P(g(n_{11}) = e_{6m}) = p_{20}^m, P(g(n_{12}) = e_{6m}) = p_{21}^m, P(g(n_7) = e_{6m}) = p_{22}^m$,
$P(g(n_8) = e_{6m}) = p_{23}^m, P(g(n_{13}) = e_{6m}) = p_{24}^m, P(g(n_{14}) = e_{6m}) = p_{25}^m$,
$P(g(n_{15}) = e_{6m}) = p_{26}^m$。

1) 混结构模型

对于一般的溢油事故,由现场指挥 n_{11} 、现场副指挥 n_{12} 共同提出决策方案,并提交给应急总指挥 n_7 ,则有:

$$P(f(D_5 \mid N_6) = e_{5m}) = (\alpha_7 \cdot p_{13}^m + \alpha_8 \cdot p_{14}^m) \cdot p_{15}^m, \alpha_7 + \alpha_8 = 1 \quad (4\text{-}8)$$

$$P(f(D_6 \mid N_6) = e_{6m}) = (\alpha_9 \cdot p_{20}^m + \alpha_{10} \cdot p_{21}^m) \cdot p_{22}^m, \alpha_9 + \alpha_{10} = 1 \quad (4\text{-}9)$$

2) 同质委员会

对于较大的溢油事故，应急指挥中心会召开会议进行讨论，这里假设人员包括：应急总指挥 n_7，应急副总指挥 n_8，应急专家 n_{13}，n_{14}，n_{15} 。

按照访谈，会议一般由各到会人员阐述自己观点，权利平等，最终会按照多数原则通过方案。因此假设采用同质委员会模型，k 票规则。选择方案 e_{5m} 的一般公式 $P_{(k)}(f(D_5 \mid N_7)=e_{5m})$ 如表 4-3 所示。

表 4-3 应急方案群体决策概率偏好

通过票数规则	群体决策概率偏好
5 票规则	$P_{(5)}(f(D_5 \mid N_7)=e_{5m})=p_{15}^m \cdot p_{16}^m \cdot p_{17}^m \cdot p_{18}^m \cdot p_{19}^m$
4 票规则	$P_{(4)}(f(D_5 \mid N_7)=e_{5m})=p_{15}^m \cdot p_{16}^m \cdot p_{17}^m \cdot p_{18}^m \cdot p_{19}^m+\sum_r p_{15}^m \cdot p_{16}^m \cdot p_{17}^m \cdot p_{18}^m \cdot p_{19}^m \cdot (1-p_r^m)/p_r^m$
3 票规则	$P_{(3)}(f(D_5 \mid N_7)=e_{5m})=p_{15}^m \cdot p_{16}^m \cdot p_{17}^m \cdot p_{18}^m \cdot p_{19}^m+\sum_r p_{15}^m \cdot p_{16}^m \cdot p_{17}^m \cdot p_{18}^m \cdot p_{19}^m \cdot (1-p_r^m)/p_r^m+\sum_{r,s} p_{15}^m \cdot p_{16}^m \cdot p_{17}^m \cdot p_{18}^m \cdot p_{19}^m \cdot (1-p_r^m) \cdot (1-p_s^m)/p_r^m p_s^m$
2 票规则	$P_{(2)}(f(D_5 \mid N_7)=e_{5m})=p_{15}^m \cdot p_{16}^m \cdot p_{17}^m \cdot p_{18}^m \cdot p_{19}^m+\sum_r p_{15}^m \cdot p_{16}^m \cdot p_{17}^m \cdot p_{18}^m \cdot p_{19}^m \cdot (1-p_r)/p_r+\sum_{r,s} p_{15}^m \cdot p_{16}^m \cdot p_{17}^m \cdot p_{18}^m \cdot p_{19}^m \cdot (1-p_r^m) \cdot (1-p_s^m)/p_r^m p_s^m+\sum_{r,s,l} p_{15}^m \cdot p_{16}^m \cdot p_{17}^m \cdot p_{18}^m \cdot p_{19}^m \cdot (1-p_r^m) \cdot (1-p_s^m) \cdot (1-p_l^m)/p_r^m p_s^m p_l^m$
1 票规则	$P_{(1)}(f(D_5 \mid N_7)=e_{5m})=P_{(2)}(f(D_5 \mid N_7)=e_{5m})+\sum_r p_r^m \cdot (1-p_{15}^m) \cdot (1-p_{16}^m) \cdot (1-p_{17}^m) \cdot (1-p_{18}^m) \cdot (1-p_{19}^m)/(1-p_r^m)$ $(r,s,l=15,16,17,18,19,\ r \neq s \neq l)$
标准归一化	$P_{(k)}(f(D_5 \mid N_7)=e_{5m})'=\dfrac{P_{(k)}(f(D_5 \mid N_7)=e_{5m})}{\sum_m f(D_5 \mid N_7)=e_{5m})}$

同理，$P_{(k)}(f(D_6 \mid N_7)=e_{6m})$ 的概率选择偏好方法和表 4-3 类同，这里不再赘述。

4.3 本章小结

某决策事件 D_i 下选择具体方案 e_{im} 的可靠度的界定可以分为两类，具体见表 4-4。

表 4-4　群体决策事件可靠度

关键事件	预案规定方案	可靠度
D_1	e_{11}	$R_G(D_1) = P(f(D_1 \mid N_1) = e_{11})r(e_{11})$
D_3	e_{32}	$R_G(D_3) = P(f(D_3 \mid N_3) = e_{31})r(e_{31})$
D_2, D_4, D_5, D_6	因具体应急情境的不同而不同，需结合实际情况由专家而定	$R_G(D_2) = \sum_m P(f(D_2 \mid N_2) = e_{2m})'r(e_{2m})$, $(m = 1,2,3,4)$ $R_G(D_4) = \sum_m P(f(D_4 \mid N_4) = e_{4m})r(e_{4m})$, $(m = 1,2,3)$ 或 $R_G(D_4) = \sum_m P(f(D_4 \mid N_5) = e_{4m})r(e_{4m})$, $(m = 1,2,3)$ $R_G(D_5) = \sum_m P(f(D_5 \mid N_6) = e_{5m})r(e_{5m})$, $(m = 1,2)$ 或 $R_G(D_5) = \sum_m P(f(D_5 \mid N_7) = e_{5m})'r(e_{5m})$, $(m = 1,2)$ $R_G(D_6) = \sum_m P(f(D_6 \mid N_6) = e_{6m})r(e_{6m})$, $(m = 1,2,3,4,5,6,7,8)$ 或 $R_G(D_6) = \sum_m P(f(D_6 \mid N_7) = e_{6m})'r(e_{6m})$, $(m = 1,2,3,4,5,6,7,8)$

综上所述，可以看出：

(1) 根据应急预案，对于溢油事故报告事件 D_1，必须选择向海事部门报告的方案 e_{11}；对于现场查看事件 D_2，必须选择赶赴现场的方案 e_{21}，为此，对于类似具有明确规定的决策可采用委员会模型和 1 票规则，从而保证该方案的准确与及时实施。

(2) 对于需根据具体情境而采取特定方案的决策事件，可采用层级模型，并赋予最终决策者较大的权重因子，这样一方面可以减少个体决策的误差，另一方面既可以在决策者偏好不一致时，平衡各方的偏好，也可以在决策者偏好一致时，叠加决策者的偏好。

第5章　船舶溢油应急处置的组织间联系可靠性分析

5.1　组织间联系可靠性理论框架

5.1.1　理论基础

1）基于朴素贝叶斯模型的因果关系分析

Pearl提出的贝叶斯网是建立在对概率的主观性理解基础之上的，其假定人在进行推理时，并不以联合概率分布的形式来表示，而是以变量之间的相互关系以及条件独立性来进行。贝叶斯网可描述变量之间的依赖关系，如果两个变量是独立的，即若 $P(XY)=P(X)P(Y)$ ，$P(X|Y)=P(X)$ ，则两个变量之间没有联系，对应的节点之间没有有向弧[170]。

贝叶斯网[170]的构建方法大致可以分为三类：一为贝叶斯网的结构和参数都是通过专家而获得；二是已知网络结构，基于数据对网络参数进行估计，称为参数学习。参数学习有两种方法：最大似然估计和贝叶斯估计。最大似然估计完全基于数据，不需要先验概率；其令 P_{ijk} 表示第 i 个节点 X_i 的父节点 pa_i 处于状态 j 时，X_i 处于状态 k 的先验概率，则 $P_{ijk}=P(X_{ik}|pa_{ij},S)=\frac{N_{ijk}}{M}$ 。式中：N_{ijk} 为第 i 个节点 X_i 的父节点 pa_i 处于状态 j 时，X_i 处于状态 k 的记录数总和；M 为实验总次数，这里 M 必须足够大，以至于能保证父节点 pa_i 能出现各种状态，并且 X_i 也能出现各种状态。贝叶斯估计则假定在考虑数据以前，网络参数服从某个先验分布，这是先验的主观概率，它的影响随着数据量的增大而减小。经典的有Cooper提出的K2算法[171]等；三是不知道网络结构，通过分析数据，同时获得网络结构和网络参数，称为结构学习。经典的有最大生成树、禁忌、SopLEQ、EQ方法，从数据中学习结构，但是当网点节点较多时，算法的搜索空间会非常庞大，学习效率低下。

本章从两个角度构建不同类型的贝叶斯网，分别用于不同组织间联系的分析，具体为：利用朴素贝叶斯模型，以“局部独立”的自变量为父节点，因变量为目标根节点，建立因果关系网，进而对节点间因果关系进行学习；利用故障树转换得到贝叶斯网，进而进行后验概率推理。

2）故障树

20 世纪 60 年代初，贝尔试验室的科学家首先提出了 FTA 方法[172]。FTA 使用演绎的方法找出使顶端事件发生的可能的事件组合。通常进行 FTA 的程序是：选择顶端事件、建立故障树，以及定性或定量地评定故障树。

3）正交设计

试验次数：在多因素试验的线性统计模型中，独立参数（包括总体均值、主效应和一阶交互效应等）的个数 k 与试验次数 n 具有下列关系。当 $n > k$ 时，除了估计参数，还有 $n-k$ 的自由度用来进行方差设计；当 $n = k$ 时只能估计参数，不能进行方差分析；$n < k$ 无法进行参数估计。

试验安排：在满足试验要求的条件下，为了尽可能减少试验次数，必须精心安排每次试验时各因素的水平组合，正交表示实现这一目标的有效工具。

正交试验：满足每一因素不同水平在试验中出现的次数相同（均衡性）；任意两因素不同水平组合在试验中出现的次数相同（正交性）的随机试验，称为正交试验。

正交表：正交表实际上是一个在给定试验次数和因子水平数之后，可以容纳最多因子个数的正交试验表，它是正交设计的主要工具。正交表的每一行对应一次试验；每一列对应一个因素（或因子）。正交表具有下列性质：每列中不同数字出现的次数相等；在任意两列中，将同一行的两个数字看成有序数对时，每种数对出现的次数是相等的。由于正交表有这两条性质，所以用正交表来安排试验时，各因素的各种水平的搭配是均衡的，这是正交表的优点。

5.1.2　研究对象

1）普通和密切联系

根据访谈和常识，可以发现应急指挥中心、现场指挥部、巡逻艇和应急清污队伍均属于海事相关部门，其组织间连通的准确性、效率和效果较好，可靠性较高；而船方在应急处置过程中，出于利益的原因，对海事主管部门的信息报告和命令听从有所保留。

因此，按照联系的紧密程度，本书将联系分为普通（GE）和密切（NE）。一般而言，应急指挥中心、现场指挥部、巡逻艇和应急清污队伍的联系属于 NE，船方和海事部门联系属于 GE。结合本书 3.4 节和 3.5 节对关键联系的分析，可得：NE 包括$\{Z_1, Z_3, Z_5\}$，GE 包括$\{B_1, Z_4\}$。其中，$B_1 = \{L(T_{11})_2\}$，$Z_1 = \{L(T_{24})_3\}$，$Z_3 = \{L(T_{24})_4\}$，$Z_4 = \{L(T_{42})_2, L(T_{43})_2\}$，$Z_5 = \{L(T_{42})_1, L(T_{43})_1\}$。

2）信息报告和指挥控制联系

按照联系的性质的不同，组织间联系可以分为信息报告联系（B）和指挥控制联系（Z）。结合本书 3.4 节和 3.5 节对关键联系的分析，可得：关键报告联系 B 包括

$\{B_1\}$,关键指挥控制联系 Z 包括$\{Z_1,Z_3,Z_4,Z_5\}$。

3）联系可靠性衡量指标

本章中,组织间联系采用连通的准确性、连通的效率和效果三个指标进行衡量,分别用符号$\{LT,XL,XY\}$表示。

报告联系 B 可以用{连接可靠性(LT^R),效率可靠性(XL^R),效果可靠性(XY^R)}三个方面的指标进行衡量。其中:连通考察发出事故报告对象是否准确,效率考察首次发出事故报告时间或发出报告频率,效果考察发出事故报告方法,事故报告内容准确度和详细程度。

指挥控制联系 Z 可以用指标{连通准确性(LT^C),效率可靠性(XL^C),效果可靠性(XY^C)}三个方面的指标进行衡量。其中:连通性考察下达命令对象是否正确,效果考察下达命令内容是否准确,效果考察接受方接受命令反应情况。

5.1.3 研究方法

按照溢油应急处置的四个流程阶段$\{J_1,J_2,J_3,J_4\}$,每个阶段涉及不同的关键联系。J_1 阶段涉及的联系有$\{B_1\}$,J_2 阶段涉及的联系有$\{Z_1,Z_3\}$,J_3 为决策,不涉及关键联系,J_4 阶段涉及的联系有$\{Z_4,Z_5\}$。

上述关系衡量方法如图 5-1 所示。

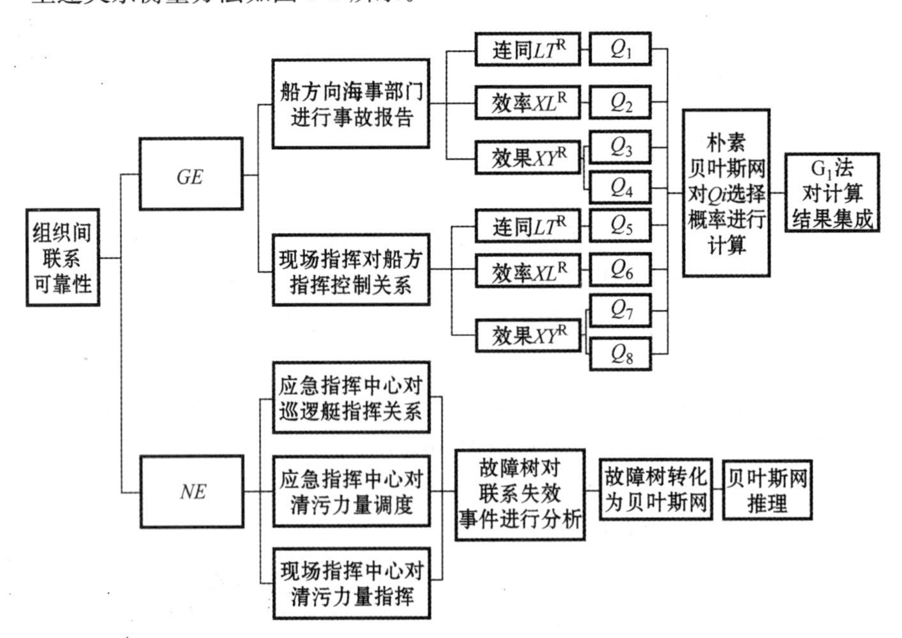

图 5-1 联系可靠性分析层级结构图

对于普通联系 GE，采用大样本调查问卷获得相关信息，并在此基础上，利用朴素贝叶斯网明确影响联系行为的关键因素和各因素影响下的联系行为偏好，并对可靠性进行评估；对于密切联系 NE，采用故障树分析联系行为的失效因子，进而衡量组织因可靠性。

5.1.3.1　普通联系分析基本模型

1）因果关系建立

船舶溢油应急处置组织间普通联系行为（GE）表现为一定的因果关系，为此采用朴素贝叶斯网理论，建立以组织主体特征和溢油情境为自变量，组织间联系行为选项为因变量，两者呈父子关系的贝叶斯网结构。这里以事故报告联系行为中的报告对象选择事件为例，给出体现影响组织间联系行为的因果关系的两种贝叶斯网结构如图 5-2 和图 5-3 所示。

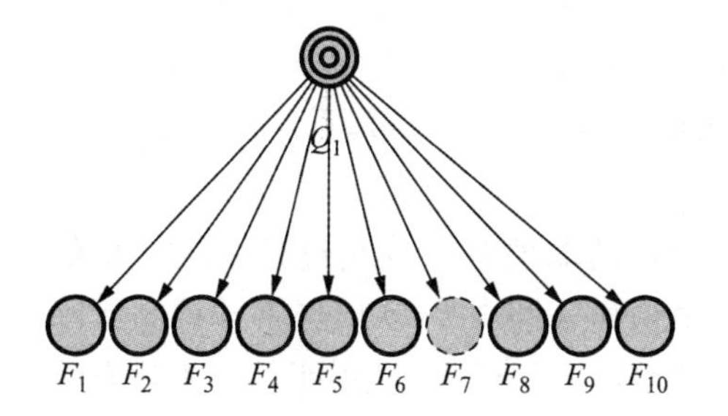

图 5-2　因果关系贝叶斯网结构 A

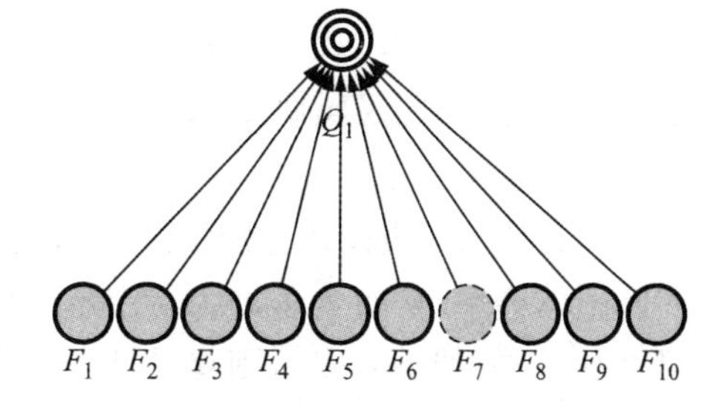

图 5-3　因果关系贝叶斯网结构 B

以上两种贝叶斯网结构均可对事故报告行为的因果关系进行分析，但是对数据的利用率不同。结构 B 下初始概率分布为 $P(Q_i \mid F_j)$，本书中与 Q_1 对应的 F_j 情境组合个数为 288，结构 A 又名朴素贝叶斯模型，概率初始分布为 $P(Q_i \mid F_j)$，Q_1 选项组合个数为 2～3，因此结构 A 对数据的利用率为结构 B 的 90～144 倍，很明显，结构 A 的精确度要高于结构 B。鉴此，本书拟采用结构 A 建立与 Q_i 对应的联系行为的因果关系模型。

2）关键因素的选择

所谓关键因素，指对组织间的联系行为有重要影响的因素，即和 Q 关联度高，条件相关性强的 F 因子。本书基于朴素贝叶斯网，利用问卷调查数据，对节点的关系进行分析，从而确定和 Q_j 有显著影响关系的影响因素 F 集。具体采用的参数如下：

（1）Kullback-Leibler 偏差[170]：

对于节点之间的关系紧密度，本书采用经典的指标 Kullback-Leibler 偏差。

若设 $p(x)$ ，$q(x)$ 是随机变量 X 的两个不同的分布密度，则它们的 Kullback-Leibler 偏差定义为：

$$KL(P,Q)=\sum_{x\in X}p(x)\log_2\frac{p(x)}{q(x)} \tag{5-1}$$

K-L 偏差提供了一种度量同一个随机变量的不同分布差异的方法。从信息论的角度看，如果一个随机变量 X 的分布密度是 $p(x)$ ，而人们却错误地使用了分布密度 $q(x)$ ，那么 K-L 偏差正是描述了因为错用分布密度而增加的信息量。

(2) 互信息[173]：

互信息在信息论中是作为衡量两个信号关联程度的一种尺度，后来引申为对两个随机变量间的关联程度进行统计描述，可表示成两个随机变量的概率的函数。

$$I(x,y)=\log_2\frac{P(x,y)}{P(x)P(y)} \tag{5-2}$$

式中：$P(x)$ 和 $P(y)$ 分别是 x 和 y 独立出现的概率，$P(x,y)$ 是 x 和 y 同时出现的概率。$I(x,y)\geqslant 0$ ，表示 x 和 y 的关联程度强；$I(x,y)\approx 0$ ，表明 x 和 y 的关联程度弱，它们的同现仅属偶然，$I(x,y)\leqslant 0$ ，表明 x 和 y 互补分布，不存在关联关系。

(3) p 值[174]：

p 值是在零假设成立的情况下，检验统计量的取值等于或超过检验统计量的实际值的概率，从而 p 值即为否定零假设的最低显著性水平。p 值经常被称为实际显著性水平。如果 $p<\alpha$，则差异具有统计显著性，如果 $p\geqslant\alpha$，则说明差异不具有统计显著性。一般情况，若 $p<0.05$，则拒绝零假设，0.05 的风险概率最好对应的是 95%的置信度。

(4) Pearson 相关：

Pearson 相关（ r 值）反映两变量间线性相关的程度，它反映两变量间线性相关的程度，计算公式是：

$$r=\sum_{i=1}^{n}(x_i-\bar{x})(y_i-\bar{y})\Bigg/\sqrt{\sum_{i=1}^{n}(x_i-\bar{x})^2\sum_{i=1}^{n}(y_i-\bar{y})^2} \tag{5-3}$$

相关系数是−1 到 1 之间的数，$r>0$，称为正相关，$r<0$，称为负相关。

3) 节点间条件概率计算和根节点概率推理[170]

利用贝叶斯估计原则对问卷中与 Q_i 相关的数据进行分析，得出 Q_i 和关键因素的条件概率 $P(F_j\mid Q_i)$。

节点间概率关系计算公式为：

$$P(F_j\mid Q_i)=P(F_j)P(Q_i\mid F_j)/P(Q_i)$$

利用贝叶斯公式，可得在不同关键影响因素下根节点的概率：

$$P(Q_i \mid F_1, F_2, \cdots, F_n) = \frac{P(Q_i)P(F_1, \cdots, F_n \mid Q_i)}{P(F_1, \cdots, F_n)} \tag{5-4}$$

4) G 联系可靠性评估公式

(1) 评价指标重要性确定:

对于 LT, XL, XY 三个联系的评价指标需要进行权重确定。对指标权重进行计算的方法常用的有特征值法和 G_1 法[175]。但是特征值法的计算须建立在判断矩阵是一致矩阵的基础上,而 G_1 法不用构造判断矩阵,更无须一致性检验,就可以对指标权重进行很好的计算,故比较适用于较小的评价指标集。本书在此采用 G_1 法。其具体计算步骤如下:

首先确定序关系:对于评价指标集 $\{x_1, x_2, \cdots, x_m\}$,通过专家选择建立序关系 $x_1 > x_2 > \cdots > x_m$;

其次给出 x_{k-1} 与 x_k 间相对重要程度的比较判断。设专家关于评价指标 x_{k-1} 与 x_k 的重要程度之比 w_{k-1}/w_k 的理性判断值分别为:$w_{k-1}/w_k = r_k$, $k = m, m-1, m-2, \cdots, 3, 2$。$r_k$ 的赋值可参考表 5-1。

表 5-1　指标关系权重说明

r_k	说　明
1.0	指标 x_{k-1} 与指标 x_k 具有同样重要性
1.2	指标 x_{k-1} 比指标 x_k 稍微重要
1.4	指标 x_{k-1} 比指标 x_k 明显重要
1.6	指标 x_{k-1} 比指标 x_k 强烈重要
1.8	指标 x_{k-1} 比指标 x_k 极端重要

再次,对权重系数进行计算:若专家给出 r_k 的理性赋值满足关系式 $r_{k-1} > 1/r_k$,则:

$$w_m = (1 + \sum_{k=2}^{m} (\prod_{i=k}^{m} r_i))^{-1}, \; w_{k-1} = r_k w_k$$

最后,假定每位专家的重要性相同,则 k 位专家的对方案 Q_i 的权重集成值:

$$\overline{w}_m^j = \sum_k w_m^k / k$$

(2) 联系行为 Q_i 的可靠值确定:

设 $P(Q_i = t)$ 为在联系关系中,问题 Q_i 选择第 t 个 $(0 < t \leqslant 4)$ 选项的概率,s_t^i 为 Q_i 中第 t 个选项所对应的可靠性数值(即与海事应急预案规定的符合度),E 为特定情况下,F_j 取值的组合。

可靠性值的确定依据为《预案》,《计划》和专家判定。基于组织视角的应急处置的可靠度的范围为[0,1]，其中 0 表示应急处置行动完全不符合《预案》等的要求，而 1 表示应急处置行动完全符合《预案》等的要求，可靠性好。具体采用分级比例标度，[0,0.2]表示可靠性差，(0.2,0.4]表示可靠性较差，(0.4,0.6]表示可靠性一般，(0.6,0.8]表示可靠性较好，(0.8,1.0]表示可靠性好。后文将会给出具体描述。

联系的可靠性用函数 R_{L} 表示，某 GE 联系的可靠性为

$$R_{\mathrm{L}} = \sum_{i}\left(\sum_{t} P(Q_i = t \mid E) s_t^i\right) w^i \tag{5-5}$$

5.1.3.2 紧密联系可靠性模型标定

1) 故障树的选择和建立

故障树 FTA 的程序是：选择顶端事件、建立故障树，以及定性或定量地评定故障树。本书以联系失效作为顶端事件（Z），通过专家访谈，挖掘影响联系失效的因素(A)，从而建立故障树网，其中 Z_j 表示第 j 个联系失效情况，A_i 表示第 i 个失效因素。

2) 故障树向贝叶斯网的转换

故障树向贝叶斯网的转化，即故障树的节点转化为贝叶斯网的节点，故障树的网络逻辑关系转化为贝叶斯网的节点之间的条件概率关系。文献[176]～[179]讨论了故障树向贝叶斯网转化的方法：包括事件、逻辑门与节点的映射关系、逻辑关系（“与”、“或”、“表决”）与条件概率分布之间的映射关系。

针对组织网络节点之间的关系，这里主要考虑主要包括 And 与门、Or 或门、TopAnd-And 房形事件和 TopAnd-Or 房形事件。

房形事件是一类特殊的底事件，房形事件的开关会影响到其所在逻辑门(PG)的上层逻辑门(AG)的输出。TopAnd-And：房形事件为 PG 的输入事件，PG 为与门，AG 为与门；TopAnd-Or：房形事件为 PG 的输入事件，PG 为或门，AG 为与门。

假定 $A=0$ 表示事件 A 不发生，$A=1$ 表示事件 A 发生。这 4 种逻辑关系对应的贝叶斯网络，具体见表 5-2。

表 5-2 故障树向贝叶斯网的关系转换

故障树关系	贝叶斯网关系
A_1, A_2, A_3 → And → Z	$P(Z=1 \mid A_1=1, A_2=1, A_3=1)=1$ $P(Z=1 \mid \text{else})=0$

（续表）

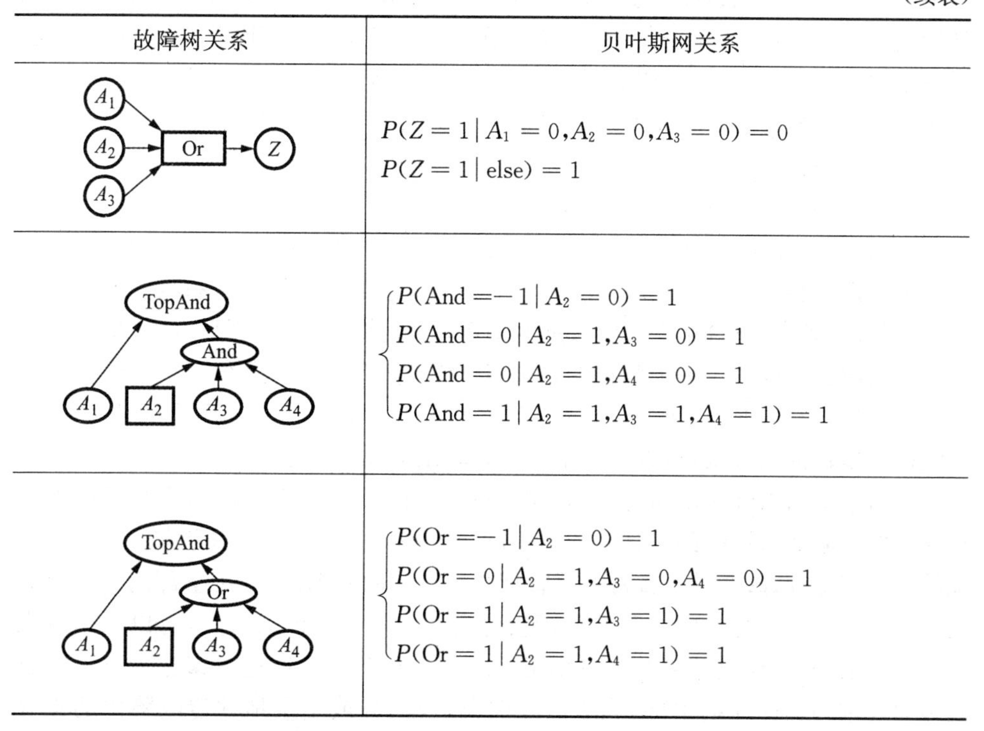

故障树关系	贝叶斯网关系
	$P(Z=1 \mid A_1=0, A_2=0, A_3=0)=0$ $P(Z=1 \mid \text{else})=1$
	$\begin{cases} P(\text{And}=-1 \mid A_2=0)=1 \\ P(\text{And}=0 \mid A_2=1, A_3=0)=1 \\ P(\text{And}=0 \mid A_2=1, A_4=0)=1 \\ P(\text{And}=1 \mid A_2=1, A_3=1, A_4=1)=1 \end{cases}$
	$\begin{cases} P(\text{Or}=-1 \mid A_2=0)=1 \\ P(\text{Or}=0 \mid A_2=1, A_3=0, A_4=0)=1 \\ P(\text{Or}=1 \mid A_2=1, A_3=1)=1 \\ P(\text{Or}=1 \mid A_2=1, A_4=1)=1 \end{cases}$

3）顶端事件可靠度确定

对于紧密联系（NE），其任何一种联系失效将会导致任务无法执行。因此，设定 NE 联系的可靠性为 0 或 1，0 代表联系失效，即连通性差，无法达到指定的效率和效果；1 代表联系从连通性好，效率高，效果好。

NE 联系的可靠性一般较高，因此可采用“失效率”作为评价指标。所谓失效率为导致联系失效的原因的发生概率。联系可靠度=1−失效率。本书所界定的紧密联系的可靠性为 0 和 1，其中 0 表示失效，可靠性差；1 表示正常，可靠性好。

令顶端事件失效的概率为：$P(Z)=\prod_{i=1}^{n} P(A_i \mid \pi(A_i))$，$\pi(A_i)$ 为 A_i 的父节点，当 $\pi(A_i)=\varnothing$ 时，$P(A_i \mid \pi(A_i))$ 即是边缘分布 $P(A_i)$。

则某紧密联系（NE）的可靠性为

$$R_{\mathrm{L}}=1-P(Z) \tag{5-6}$$

5.1.4　模型适应性分析

1）满足朴素贝叶斯模型的“局部独立”

所谓的“局部独立”即各个自变量之间相互条件独立。本章自变量涉及变量包括环境变量{事故地点，溢油量估计，事故原因，事故时间，事故船舶类型，风况}；溢油情境变量{油污是否威胁敏感区，溢油源控制状态，溢油清除状态，通信设施状况}；组织内联系个体特征{职务，海龄，学历，溢油培训情况}，根据常识，这些变量之间是独立不相关的。因此可以设以上变量为父节点，设组织间联系行为为目标决策节点，从而讨论上述变量对组织间联系行为的影响。

2）贝叶斯网和故障树的应用区别

本书中涉及的组织间联系可以分为两大类：船方和海事部门之间的联系；以及海事部门内部和密切合作单位的联系。船方和海事部门之间的联系具有如下的特点：①船方数量多，适合调查问卷数据的采集；②溢油发生和处理后，海事部门对船方具有行政罚款权力。由于利益的冲突，船方可能并不会完全和海事部门进行信息的真实反馈和沟通，从而导致双方的联系可靠性不高。基于这样的特点，可以采用随机样本数据的采集，从数据中学习双方联系情况。

而海事部门内部和密切合作单位的联系，具有以下的特点：①海事部门内涉及溢油并参与溢油溢油的部门和船方相比，数量较少；②海事部门内专家对于内部情况的了解情况较好；③基于日常行政管理联系密切的原因，一般海事部门密切相关的组织在应急溢油行动中的联系分析较为密切。基于这样的特点，可以采用专家调查采集数据，结合故障树对小概率突发原因进行分析。通过专家分析可以完成故障树要求的选择顶端事件、建立故障树，以及定性或定量地评定故障树的步骤要求。

5.2 问卷设计和数据采集

5.2.1 问卷设计

由于船方在日常行政中隶属于船公司岸上部门管理，因此，在应急救援过程中，虽然预案规定应急指挥中心为最高指挥部门，但是由于紧张和惯性思维，船公司会倾向报告给船公司岸上部门。并且由于船员数量较多，受到培训不一，因此可以通过调查问卷搜集来估计 *GE* 可靠性。

同时需要说明的是，由于巡逻艇在日常行政中隶属于海事部门，受过良好的应急培训，数量较少，因此，很难通过大样本数据采集和分析。其他类似的还有现场清污指挥中心和应急清污行动小组、现场清污指挥中心和应急指挥部之间的联系。本书对此不设计专门调查问卷，而是通过专家访谈和历年案例分析对紧密联系进行分析。

5.2.1.1　问卷设计类型

调查问卷是本研究主要的数据收集工具。在阅读预案、上海港历年溢油应急处理案例集和国内外相关溢油案例的基础上，设计了问卷。本章涉及的变量的来源依据主要为：一是海上船舶溢油应急预案；二是海事局和船公司实地走访情况；三是大学和行业专家意见分析。

对于船方和海事部门之间的联系，由于船方数量较大，因此需要对船方作广泛的随机调查，本书选取的三个地区包括上海、大连和广州，涉及的船方包括散货船、油轮、集装箱船的船长、大副、二副和轮机长。

5.2.1.2　船方-海事报告 B_1 联系识别

1）因变量描述

对于因变量采用由不交的选项覆盖需要考察的情况。即，假设因变量问题涉及的有效答案集为 X ，则设计答案选项为 $x_1,x_2,\cdots,x_n$ ，其中 $x_i \cap x_j = \varnothing, i \neq j, i,j \in (1,n)$ ， $x_1 \cup x_2 \cup \cdots \cup x_n = X$ 。

B_1 为船方向海事部门进行事故报告的联系，本书基于指标连通率、效率和效果，设定选项 $\{Q_1, Q_2, Q_3, Q_4\}$ 为因变量进行分析。具体描述如表5-3所示。

表5-3　因变量描述

指标	问题描述	回答选项	预标准选项	Q_i 取值
连通性	船方首先向谁发出事故报告？(Q_1)	船公司岸上部门／海事部门／其他	海事部门	1/2/3
效率	从发现溢油到发出事故报告时间？(Q_2)	半小时以内／半小时以上	半小时内	1/2
效果	报告溢油数量如何确定？(Q_3)	目测／测量油柜／协商／其他	测量油柜	1/2/3
	事故报告的内容？(Q_4)	全部预案规定项目／部分预案项目	全部预案规定项目	1/2

在具体问卷设计中，加入特殊情境，将问题和选项展现，可以更好地规避受调查人员的隐瞒心理，真实地反映情况。具体见附录《调查问卷》。

2）自变量描述

影响组织间联系的因子包括环境变量，溢油情境变量，组织内联系个体的特征。

对联系 B_1 有影响的因素包括：环境因素集{事故地点、溢油估计、事故原因、事故时间、船舶类型、风｝；组织内联系个体特征集｛职务、在船海龄、学历、溢油培训频率｝。具体如表 5-4 和表 5-5 所示。

表 5-4 环境因素集

符号	变量含义		变量属性	F_j 取值
F_1	事故地点	离散	｛港口，20n mile 内沿海，20n mile 外近海｝	1/2/3
F_2	溢油估计	离散	｛1t 以下，1t 以上 50t 以下，50t 以上｝	1/2/3
F_3	事故原因	离散	｛事故性溢油，操作性溢油｝	1/2
F_4	事故时间	离散	｛黑夜，白天｝	1/2
F_5	船舶类型	离散	｛液货船，非液货船｝	1/2
F_6	风	离散	｛>5 级，$\leqslant 5$ 级｝	1/2

表 5-5 组织内联系主体特征集

符号	变量含义		变量属性	F_j 取值
F_7	在船海龄	连续	$0 \sim 100$	
F_8	职务	离散	｛船长、大副、轮机长｝	1/2/3
F_9	溢油培训频率	离散	｛$\leqslant 1$ 年，>1 年，无｝	1/2/3
F_{10}	学历	离散	｛大专或以下大专，本科或本科以上｝	1/2

5.2.1.3 指挥中心-船方控制 Z_4 联系识别

1）因变量描述

Z_4 为指挥中心对船方控制联系，本书基于指标连通率、效率和效果，设定选项｛Q_5，Q_6，Q_7，Q_8｝为因变量。具体描述如表 5-6 所示。

表 5-6 因变量描述

指标	问题描述	回答选项	预案标准选项	Q_i 取值
连通性	船方向谁提供事故真实信息？(Q_5)	海事部门／船公司岸上部门／其他	海事部门	1/2/3
效率	船方听从谁的指挥控制命令？(Q_6)	海事部门／船公司岸上部门／其他	海事部门	1/2/3
效果	如果需要征求作业准许，船方和谁联系？(Q_7)	海事部门／船公司岸上部门／自行作业／其他	海事部门	1/2/3/4

（续表）

指标	问题描述	回答选项	预案标准选项	Q_i 取值
效果	船方向谁汇报清污行动状态?(Q_8)	无需汇报 / 船公司岸上部门 / 海事部门 / 其他	海事部门	1/2/3/4

2）自变量描述

对 Z_4 联系有影响的因素包括：溢油情境集{油污是否会威胁敏感区、风、污染造成的原因、溢油源控制状态、溢油清除状态、通信设施}；组织内联系个体特征集{职务、海龄、学历、溢油培训频率}。具体如表 5-7 和表 5-5 所示。

表 5-7　溢油情境集

符号	变量含义		变量属性	F_j 取值
F_{13}	油污是否会威胁敏感区	离散	是 / 否	1/2
F_{14}	溢油源控制状态	离散	未切断控制难 / 未切断控制容易 / 已切断	1/2/3
F_{15}	溢油源清除状态	离散	在清除继续扩散 / 已清除 / 在清除不扩散	1/2/3
F_{16}	通信设施	离散	手机 / 海岸电台 / 无线电台	1/2/3
F_{17}	风	离散	$\leqslant$ 5 级 / $>$ 5 级	1/2
F_{18}	污染造成的原因	离散	机舱操作失误 / 违章排放污水 / 碰撞	1/2/3

3）问卷设计

在具体问卷设计中，加入特殊情境，将问题和选项展现，可以更好的规避受调查人员的隐瞒心理，真实地反映情况。具体见附录调查问卷。

影响组织间联系的因子包括情境因素、关系方因素和其他影响因素。为了简少问卷份数，可以采用正交设计来简化。

例如，在船方决定向海事相关部门发出事故报告后，船方和海事部门之间报告沟通的可靠性影响因素包括：{时间，可能的溢油量，雾，风，事故船舶类型，溢油发生水域}，如果考虑各种情况组合的可能性，则影响因素的组合有 $2\times4\times4\times2\times4\times3=768$ 种组合。按照 768 种组合进行问卷设计，复杂度较高。利用 SPSS 软件采用正交设计后，组合复杂度降为 16 种，具体见附录。

5.2.2　问卷发放与回收

选择在岗高级船员进行访谈和问卷调查。共计发出 400 份问卷，收到 312 份，剔除不合要求的 40 份，收到有效问卷 272 份。按有效问卷计，回收率为 68%。

贝叶斯网对数据处理的机理为最大似然估计和贝叶斯估计，其对样本的最低要求数量为 50[184]。

本书采用 A 结构的朴素贝叶斯网，概率初始分布为 $P(Q_i \mid F_j)$，Q_i 选项组合个数为 2～3，272 份问卷下平均每个选项可以采用 100 个数据源，符合贝叶斯网数据处理的要求。

另外，对回收的问卷进行分析，发现 Q_1 的第 3 个选项，Q_3 的第 4 个选项，Q_5 的第 3 个选项，Q_6 的第 3 个选项，Q_7 的第 4 个选项，Q_8 的第 4 个选项的选择数量为 0。这在一定程度上说明其他设定的选项能够很好地覆盖现实中的所有情况。

5.3 船舶溢油事故报告阶段关键联系可靠性分析

事故报告阶段的关键联系为 B_1。事故发生后，船方向海事部门进行可靠的事故报告至关重要。事故报告阶段的关键报告联系涉及的关键联系为船方向海事值班室进行事故报告，其实体集和联系表示为 $\{SC_1 - SH_1\}$，$L(T_{11})_2 = \{<p,q> \mid p \in \{SC_1\}, q \in \{SH_1\}\}$。对组织间的报告联系关系从连通性、效率和效果分别进行分析。

5.3.1 联系连通性分析

1) Q_1 因果结构

首先以报告对象 Q_1 为父节点，影响因素集 F 为子节点，建立如图 5-4 所示的朴素贝叶斯网。

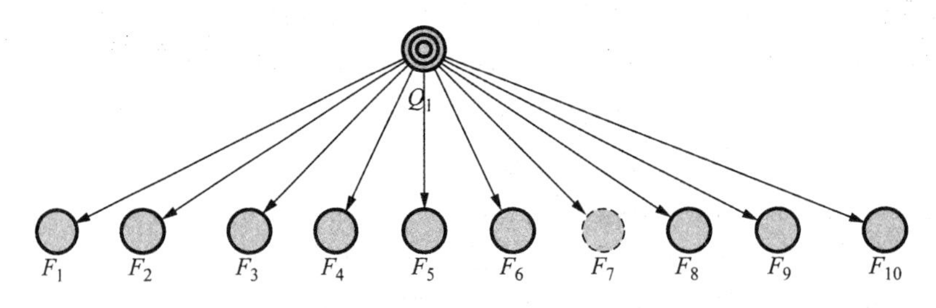

图 5-4　Q_1 因果结构

2) 条件概率计算

利用最大似然估计原则对问卷中与 Q_1 相关的数据进行分析，得出父节点 Q_1 的边缘概率为：$P(Q_1 = 1) = 0.6471$，$P(Q_1 = 2) = 0.3529$，$P(Q_1 = 3) = 0$，说明 Q_1 的选项偏好为选项 1 和选项 2，即向船公司或海事部门报告。

利用贝叶斯估计原则对问卷中与 Q_1 相关的数据进行分析，得出 Q_1 和影响因素的条件概率 $P(F_j \mid Q_1)$ 如表 5-8 所示。

表 5-8　Q_1 的条件概率值　　单位:%

报告对象	影响因素集									
	F_{10}		F_3		F_2			F_8		
Q_1	1	2	1	2	1	2	3	1	2	3
1	9.091	90.909	50	50	50	25	25	18.182	54.545	27.273
2	33.33	66.667	50	50	50	25	25	66.667	16.667	16.667

报告对象	影响因素集								
	F_4		F_9		F_5		F_1		
Q_1	1	2	1	2	1	2	1	2	3
1	50	50	90.909	9.091	50	50	50	25	25
2	50	50	100	0	50	50	50	25	25

报告对象	影响因素集					
	F_7				F_6	
Q_1	≤6.42	≤9.33	≤12.92	>12.92	1	2
1	33.333	0.000	33.333	33.333	50	50
2	36.364	18.182	36.364	9.091	50	50

3）关键影响因素分析

结合调查问卷的数据,给出节点关系分析结果,如表 5-9 所示。

表 5-9　Q_1 关系分析

父节点	子节点	KL 偏差	关系权重	互信息	p 值 /%	r 值
Q_1	F_8	0.178044	0.302	0.178044	0.00	−0.3726
Q_1	F_7	0.126406	0.2144	0.126406	0.00	0.231
Q_1	F_{10}	0.06381	0.1082	0.06381	0.00	−0.3039
Q_1	F_9	0.038377	0.0651	0.038377	0.01	−0.1846
Q_1	F_2	0	0	0	100.00	0

（续表）

父节点	子节点	KL 偏差	关系权重	互信息	p 值 /%	r 值
Q_1	F_1	0	0	0	100.00	0
Q_1	F_3	0	0	0	100.00	0
Q_1	F_5	0	0	0	100.00	0
Q_1	F_4	0	0	0	100.00	0
Q_1	F_6	0	0	0	100.00	0

由上可见，若取 KL 偏差 >0，互信息 >0，p 值 <0.05，则包括溢油量、溢油地点、溢油性质、事故船型和风在内的溢油情境因素对事故报告对象选择没有影响；而船员职务、在船海龄、培训和学历等船方主体特征对事故报告对象的影响较大。从 r 值的正负可以看出，职务 F_8、培训 F_9 和学历 F_{10} 与报告对象 Q_1 负相关，在船海龄 F_7 与 Q_1 正相关。即：事故发生后，轮机长倾向于首先向海事部门进行事故报告；如果船员培训的频率越高，在船海龄越长，则越倾向于首先报告海事部门；大专学历的船员比本科学历的船员更倾向于首先报告海事部门。

关键影响因素为{在船海龄 F_7，职务 F_8，培训 F_9，学历 F_{10}}，其对自变量的敏感度分析的结果如图 5-5 所示。

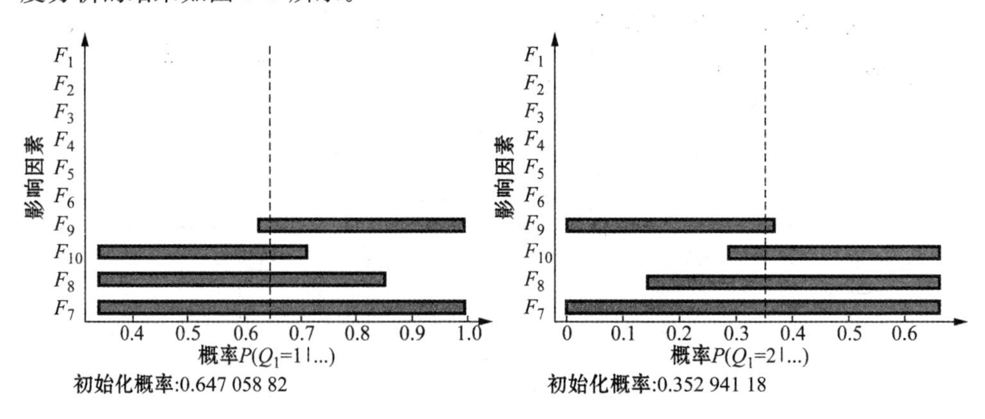

图 5-5 Q_1 敏感性分析

4）选择偏好分析

若给定事故船方主体特征 $\{F_7, F_8, F_9, F_{10}\}$，结合表 5-8，可以得事故船方首先向海事部门进行事故报告的概率为

$$P(Q_1=2\mid F_7,F_8,F_9,F_{10})$$
$$=\frac{0.3529\times P(F_7\mid Q_1=2)P(F_8\mid Q_1=2)P(F_9\mid Q_1=2)P(F_{10}\mid Q_1=2)}{P(F_7,F_8,F_9,F_{10})} \tag{5-7}$$

事故船方首先向船公司岸上部门进行事故报告的概率为

$$P(Q_1=1\mid F_7,F_8,F_9,F_{10})$$
$$=\frac{0.6471\times P(F_7\mid Q_1=1)P(F_8\mid Q_1=1)P(F_9\mid Q_1=1)P(F_{10}\mid Q_1=1)}{P(F_7,F_8,F_9,F_{10})} \tag{5-8}$$

5.3.2 联系效率分析

1) Q_2 因果结构

以 Q_2 为根节点，影响因素为叶节点，建立如图 5-6 所示的朴素贝叶斯网。

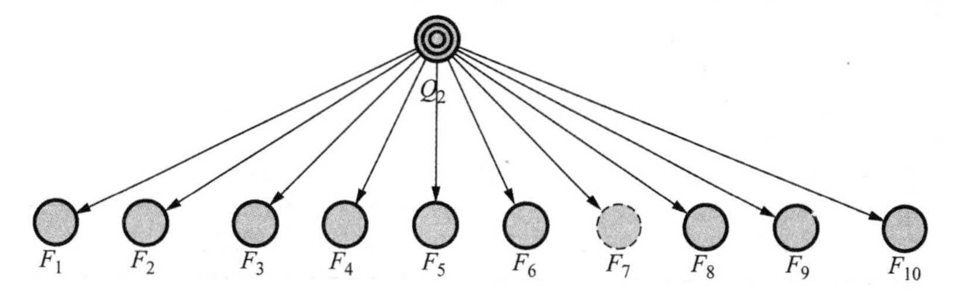

图 5-6　Q_2 结构

2) 条件概率计算

利用最大似然估计原则对问卷中与 Q_2 相关的数据进行分析，得出父节点 Q_2 的边缘概率为：$P(Q_2=1)=0.67279$，$P(Q_2=2)=0.32721$，说明总体上 Q_2 的选项偏好为选项 1，即在半小时内发出报告。

利用贝叶斯估计原则对问卷中与 Q_2 相关的数据进行分析，得出 Q_2 和影响因素的条件概率 $P(F_j\mid Q_2)$ 如表 5-10 所示。

表 5-10　Q_2 的条件概率计算　　单位：%

报告对象	影响因素集							
	F_{10}		F_2			F_8		
Q_2	1	2	1	2	3	1	2	3
1	18.033	81.967	50.820	24.590	24.590	21.311	53.005	25.683
2	16.854	83.146	48.315	25.843	25.843	64.045	16.854	19.101

（续表）

报告对象	影响因素集								
	F_4		F_9		F_5		F_1		
Q_2	1	2	1	2	1	2	1	2	3
1	48.087	51.913	96.721	3.279	49.727	50.273	50.820	24.044	25.137
2	53.933	46.067	88.764	11.236	50.562	49.438	48.315	26.966	24.719

报告对象	影响因素集							
	F_7				F_6		F_3	
Q_2	$\leqslant 6.42$	$\leqslant 9.33$	$\leqslant 12.92$	>12.92	1	2	1	2
1	43.169	12.022	44.262	0.546	49.180	50.820	49.727	50.273
2	19.101	11.236	16.854	52.809	51.685	48.315	50.562	49.438

3）关键影响因素分析

结合调查问卷的数据，给出节点关系分析结果如表 5-11 所示。

表 5-11　Q_2 关系分析

父关系	子关系	KL 偏差	关系权重	互信息	p 值 /%	r 值
Q_2	F_7	0.322 407	0.474 6	0.322 407	0.00	0.437 3
Q_2	F_8	0.137 681	0.202 7	0.137 681	0.00	−0.305 3
Q_2	F_9	0.016 803	0.024 7	0.016 803	1.18	0.158 7
Q_2	F_4	0.002 172	0.003 2	0.002 172	36.55	−0.054 9
Q_2	F_1	0.000 747	0.001 1	0.000 747	86.86	0.011 8
Q_2	F_2	0.000 399	0.000 6	0.000 399	92.76	0.021 3
Q_2	F_6	0.000 399	0.000 6	0.000 399	69.82	−0.023 5
Q_2	F_{10}	0.000 153	0.000 2	0.000 153	81.03	0.014 5
Q_2	F_3	0.000 044	0.000 1	0.000 044	89.72	−0.007 8
Q_2	F_5	0.000 044	0.000 1	0.000 044	89.72	−0.007 8

由上可见：取 p 值 <0.05，与报告时间 Q_2 关系紧密的仍然为 $\{F_7, F_8, F_9\}$，其他 F 因素的 p 值较大，KL 偏差和互信息较小，说明：在船海龄、职务和培训三个船方主体特征因素对报告时间的选择偏好影响较大；而溢油情境特征因素对报告时间的影响很小，几乎可以忽略。从 r 值的正负可以看出，船长最倾向于在半小时内向海事部门就发出事故报告；如果船员在船海龄越短，接受培训越频繁，则半小时内就发出事故报告的概率越大。

关键影响因素为｛在船海龄 F_7，职务 F_8，培训 F_9｝，其对自变量的敏感度分析的结果如图 5-7 所示。

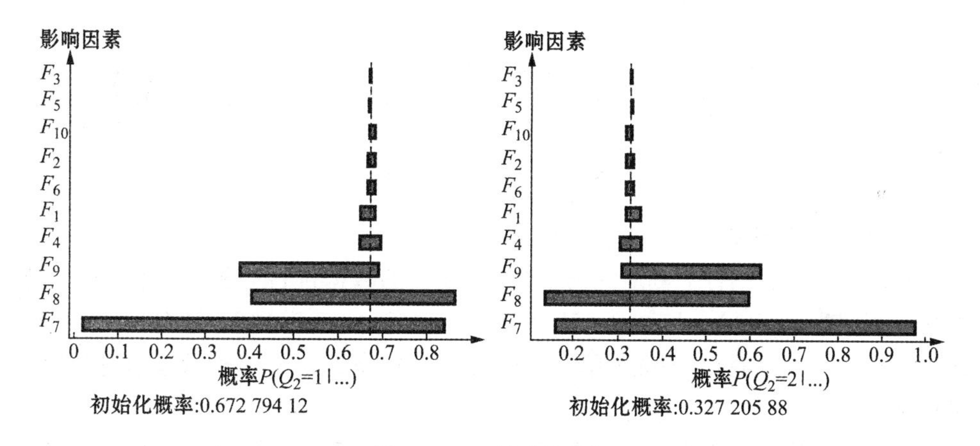

图 5-7　Q_2 敏感性分析

从图 5-7 中可见，按照大小，F_7，F_8 和 F_9 对 Q_2 的影响排列如图所示。而其他因素对 Q_2 的变化敏感度不大。

4）选择偏好分析

若给定事故船方主体特征 $\{F_7, F_8, F_9\}$，结合表 5-10，可以得出事故船方在半小时内发出事故报告的概率为

$$P(Q_2=1 \mid F_7, F_8, F_9)=\frac{0.67279 \times P(F_7 \mid Q_2=1) P(F_8 \mid Q_2=1) P(F_9 \mid Q_2=1)}{P(F_7, F_8, F_9)} \tag{5-9}$$

事故船方首先向船公司岸上部门进行事故报告的概率为

$$P(Q_2=2 \mid F_7, F_8, F_9)=\frac{0.32721 \times P(F_7 \mid Q_2=2) P(F_8 \mid Q_2=2) P(F_9 \mid Q_2=2)}{P(F_7, F_8, F_9)} \tag{5-10}$$

5.3.3 联系效果分析

5.3.3.1 联系效果可靠性 Q_3

1) Q_3结构确定

以 Q_3 为根节点,影响因素为叶节点,建立如图 5-8 所示的朴素贝叶斯网。

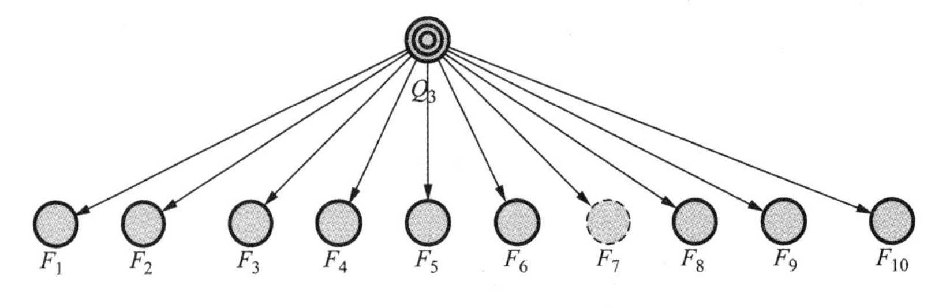

图 5-8 Q_3 因果结构图

2) 条件概率计算

利用最大似然估计原则对问卷中与 Q_3 相关的数据进行分析,得出父节点 Q_3 的边缘概率为: $P(Q_3=1)=0.45588$, $P(Q_3=2)=0.54412$, $P(Q_3=3)=0$, $P(Q_3=4)=0$,说明 Q_3 的选项偏好为选项 2,即多数情况下,溢油数量通过测量油柜得到。

利用贝叶斯估计原则对问卷中与 Q_3 相关的数据进行分析,得出 Q_3 和影响因素的条件概率 $P(F_j \mid Q_3)$ 如表 5-12 所示。

表 5-12 Q_3 的条件概率计算 单位:%

报告对象	影响因素集							
	F_{10}		F_2			F_8		
Q_3	1	2	1	2	3	1	2	3
1	20.968	79.032	63.710	20.161	16.129	25.000	46.774	28.226
2	14.865	85.135	38.514	29.054	32.432	43.919	36.486	19.595

报告对象	影响因素集								
	F_4		F_9		F_5		F_1		
Q_3	1	2	1	2	1	2	1	2	3
1	40.323	59.677	94.355	5.645	48.387	51.613	56.452	20.968	22.581
2	58.108	41.892	93.919	6.081	51.351	48.649	44.595	28.378	27.027

（续表）

报告对象	影响因素集							
	F_7				F_6		F_3	
Q_3	≤6.42	≤9.33	≤12.92	>12.92	1	2	1	2
1	44.355	15.323	31.452	8.871	51.613	48.387	55.645	44.355
2	27.703	8.784	38.514	25.000	48.649	51.351	45.270	54.730

3）关键影响因素分析

与 Q_3 相关的节点关系分析如下：

表 5-13　Q_3 关系分析

父关系	子关系	KL 偏差	关系权重	互信息	p 值 /%	r 值
Q_3	F_7	0.051 247	0.549 1	0.051 247	0.02	0.252 7
Q_3	F_2	0.048 149	0.515 9	0.048 149	0.01	0.249 3
Q_3	F_8	0.028 888	0.309 5	0.028 888	0.43	−0.181
Q_3	F_4	0.022 764	0.243 9	0.022 764	0.34	−0.177 2
Q_3	F_1	0.010 413	0.111 6	0.010 413	14.04	0.097 9
Q_3	F_3	0.007 718	0.082 7	0.007 718	8.80	0.103 3
Q_3	F_{10}	0.004 568	0.048 9	0.004 568	18.94	0.079 7
Q_3	F_5	0.000 629	0.006 7	0.000 629	62.63	−0.029 5
Q_3	F_6	0.000 629	0.006 7	0.000 629	62.63	0.029 5
Q_3	F_9	0.000 062	0.000 7	0.000 062	87.89	0.009 2

由表 5-13 可见：如果取 p 值 < 0.05，结合 KL 偏差和互信息，对溢油数量选择 Q_3 有显著影响的因素为溢油量 F_2，事故时间 F_4，在船海龄 F_7 和船方职务 F_8。从 r 值的正负可以看出，在船海龄和溢油量与溢油数量选择 Q_3 正相关，职务和时间与 Q_3 负相关。即：如果溢油数量越大，则事故船方偏好与岸上船公司协商确定所报告的溢油数量；溢油处于中等数量时，偏好通过测量机舱油柜或货油柜给出报告数量；若溢油数量较小时，事故船方偏好通过目测海面油污给出报告数量。另外，船长倾向于目测，大副倾向于测量油柜，轮机长倾向于与岸上船公司协商。如果事故发生在白天，则目测得出报告溢油数量的概率较大，发生在夜晚，则与岸上船公司协

商的概率较大。事故地点、事故原因、船舶类型、风和培训的 *KL* 偏差和互信息较小,说明这些影响因素和溢油数量报告行为的相关性不显著。因变量 Q_3 对自变量:溢油量 F_2,事故时间 F_4,在船海龄 F_7 和船方职务 F_8 等的敏感度分析的结果如图 5-9 所示。

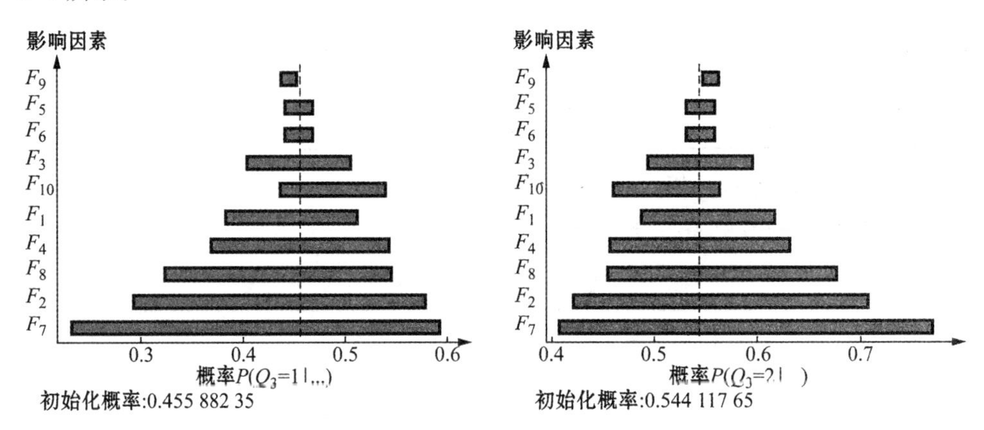

图 5-9 Q_3 敏感性分析

4) 选择概率偏好分析

若给定事故船方主体特征 $\{F_2, F_4, F_7, F_8\}$,结合表 5-12,可得事故船方通过测量油柜得到溢油估计量的概率为

$$P(Q_3=2|F_2,F_4,F_7,F_8)$$
$$=\frac{0.54412\times P(F_2|Q_3=2)P(F_4|Q_3=2)P(F_7|Q_3=2)P(F_8|Q_3=2)}{P(F_2,F_4,F_7,F_8)} \quad (5\text{-}11)$$

事故船方通过目测得到溢油估计量的概率为

$$P(Q_3=1|F_2,F_4,F_7,F_8)$$
$$=\frac{0.45588\times P(F_2|Q_3=1)P(F_4|Q_3=1)P(F_7|Q_3=1)P(F_8|Q_3=1)}{P(F_2,F_4,F_7,F_8)} \quad (5\text{-}12)$$

5.3.3.2 联系效果可靠性 Q_4

1) Q_4结构确定

以 Q_4 为根节点,建立如图 5-10 的朴素贝叶斯网。

2) 条件概率计算

利用最大似然估计原则对问卷中与 Q_4 相关的数据进行分析,得出父节点 Q_4 概的边缘概率为:$P(Q_4=1)=0.66544$,$P(Q_4=2)=0.33456$,Q_4 的选项偏好为选项 1,说明一般情况下,船方按照预案规定的内容报告。

利用贝叶斯估计原则对问卷中与 Q_4 相关的数据进行分析,得出 Q_4 和影响因

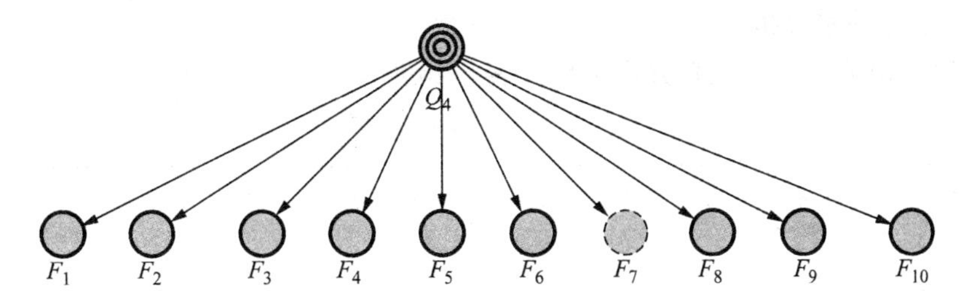

图 5-10　Q_4 因果结构图

素的条件概率 $P(F_j \mid Q_4)$ 见表 5-14。

表 5-14　Q_4 的条件概率计算　　单位：%

报告对象	影响因素集							
	F_{10}		F_2			F_8		
Q_4	1	2	1	2	3	1	2	3
1	14.917	85.083	49.171	23.204	27.624	46.961	34.807	18.232
2	23.077	76.923	51.648	28.571	19.780	12.088	53.846	34.066

报告对象	影响因素集							
	F_4		F_9		F_5		F_1		
Q_4	1	2	1	2	1	2	1	2	3
1	46.409	53.591	91.160	8.840	48.619	51.381	51.934	23.757	24.309
2	57.143	42.857	100.00	0.00	52.747	47.253	46.154	27.473	26.374

报告对象	影响因素集							
	F_7				F_6		F_3	
Q_4	≤6.42	≤9.33	≤12.92	>12.92	1	2	1	2
1	32.044	9.945	34.254	23.757	49.171	50.829	49.724	50.276
2	41.758	15.385	37.363	5.495	51.648	48.352	50.549	49.451

3）节点关系分析

与 Q_4 相关的节点关系分析结果如表 5-15 所示。

表 5-15 Q_4 关系分析

父关系	子关系	*KL* 偏差	关系权重	互信息	*p* 值/%	*r* 值
Q_4	F_8	0.096 01	0.141 3	0.096 01	0.00	0.315 7
Q_4	F_7	0.045 354	0.066 8	0.045 354	0.07	−0.189 5
Q_4	F_9	0.035 886	0.052 8	0.035 886	0.02	−0.177 3
Q_4	F_4	0.007 42	0.010 9	0.007 42	9.44	−0.101 3
Q_4	F_{10}	0.007 126	0.010 5	0.007 126	10.12	−0.101
Q_4	F_2	0.006 12	0.009	0.006 12	31.54	−0.058 7
Q_4	F_1	0.002 232	0.003 3	0.002 232	65.65	0.044 6
Q_4	F_5	0.001 095	0.001 6	0.001 095	52.04	−0.039
Q_4	F_6	0.000 394	0.000 6	0.000 394	69.98	−0.023 4
Q_4	F_3	0.000 044	0.000 1	0.000 044	89.77	−0.007 8

由表 5-15 可见：取 p 值 <0.05，包括职务、在船海龄和培训情况在内的船方主体特征与事故报告内容 Q_4 显著相关；从 r 值的正负可以看出，职务与事故报告内容 Q_4 正相关，在船海龄和培训情况与 Q_4 负相关，即：船长倾向于按预案规定内容进行事故报告，轮机长倾向于只按预案规定的部门内容进行事故报告；培训的次数越多，相关人员越了解预案的规定，就越能够按照预案规定的内容进行事故报告；船员在船海龄越大，反而对事故报告的内容的重视度降低。另外，溢油量、溢油地点、溢油性质、事故船型和风的 *KL* 偏差和互信息较小，p 值较大，说明这些因素对事故报告内容的影响较小。

因变量 Q_4 对自变量 F_7、F_8 和 F_9 等的敏感度分析的结果如图 5-11 所示。

4）选择偏好分析

若给定事故船方主体特征 $\{F_7, F_8, F_9\}$，结合表 5-14，可以得事故船方按照预案规定内容进行事故报告的概率为

$$P(Q_4 = 1 \mid F_7, F_8, F_9) = \frac{0.66544 P(F_7 \mid Q_4 = 1) P(F_8 \mid Q_4 = 1) P(F_9 \mid Q_4 = 1)}{P(F_7, F_8, F_9)} \tag{5-13}$$

事故船方首先向船公司岸上部门进行事故报告的概率为

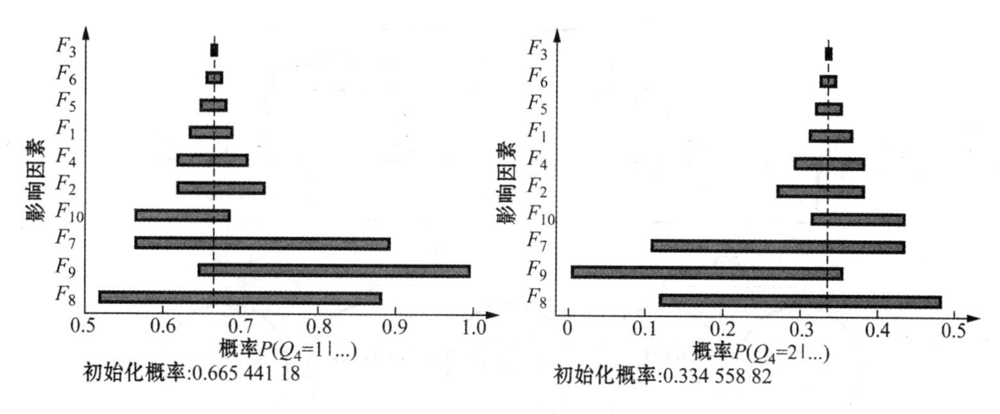

图 5-11　Q_4 敏感性分析

$$P(Q_4=2\mid F_7,F_8,F_9)=\frac{0.33456P(F_7\mid Q_4=2)P(F_8\mid Q_4=2P(F_9\mid Q_4=2)}{P(F_7,F_8,F_9)} \tag{5-14}$$

5.3.4　船方对海事部门事故报告紧密联系可靠性

船方和海事部门之间报告联系 B_1 的具体选项如下：$LT^{\mathrm{R}}=\{Q_1\}$，$XL^{\mathrm{R}}=\{Q_2\}$，$XY^{\mathrm{R}}=\{Q_3,Q_4\}$。当问题 $Q_i=t$，其中$(i=1,2,3,4)$，t 为问题回答的第 t 个选项。设对于 Q_i 选择第 t 个选项的可靠性为 s_t^i，$\{Q_1,Q_2,Q_3,Q_4\}$ 的重要性权重分别为 w^i，设 E 为 F 集的具体取值。则事故报告行为联系的可靠性为

$$\begin{aligned}R_{\mathrm{L}}(B_1)=&w^1[s_1^1(P(Q_1=1\mid E)+s_2^1P(Q_1=2\mid E)]+w^2[s_1^2P(Q_2=1\mid E)+\\&s_2^2P(Q_2=2\mid E)]+w^3[s_1^3P(Q_3=1\mid E)+s_2^3P(Q_3=2\mid E)]+\\&w^4[s_1^4P(Q_4=1\mid E)+s_2^4P(Q_4=2\mid E)]\end{aligned} \tag{5-15}$$

5.4　应急计划启动阶段关键联系可靠性分析

应急计划启动阶段涉及的关键联系为：$Z_1=\{L(T_{24})_3\}$，$Z_3=\{L(T_{24})_4\}$。

故障树的分析通过对海事部门和行业专家进行访谈，对溢油事故案例[163][183]进行分析获得。

5.4.1　应急指挥中心对巡逻艇的指挥一般联系分析

在 Z_1 联系中，应急指挥中心对巡逻艇下达到达现场命令。在特殊情况下，命令会失效。其主要失效原因如图 5-12 所示。

1）故障树的建立

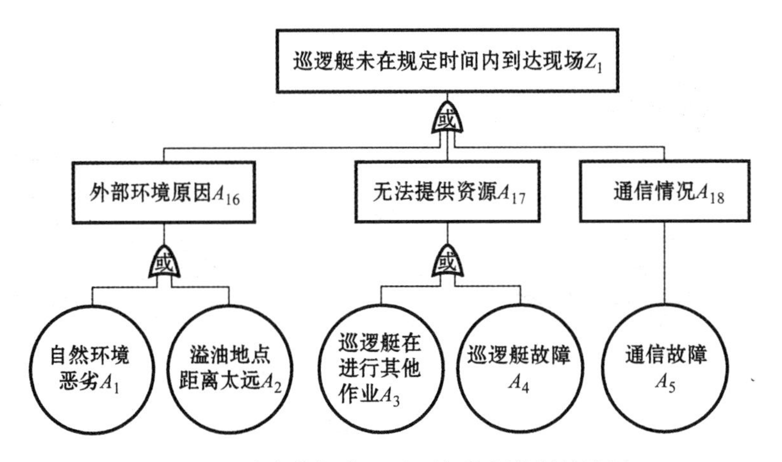

图 5-12　应急指挥中心-巡逻艇指挥控制故障树

2）故障树向因果关系网的转化

按照表 5-2 的规则，可以将图 5-12 的故障树转换为图 5-13 所示的贝叶斯网，其节点的定义如表 5-16 所示，其节点间的条件概率关系和目标节点的概率推理的确定参见式 5-16。

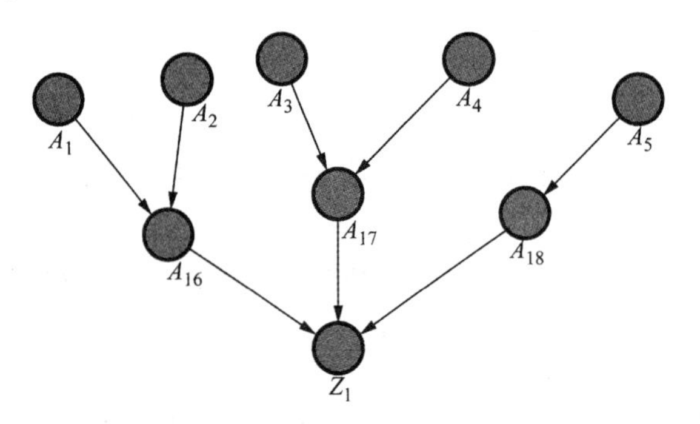

图 5-13　应急指挥中心-巡逻艇指挥控制可靠性评估因果关系网

表 5-16　因果关系网节点定义

节点	属性	取值	可靠性界定
A_1	自然环境恶劣	风力 ≥ 8 级 / 风力 < 8 级	0/1
A_2	溢油地点距离太远	外海 / 近海和沿海和港口	0/1
A_3	巡逻艇在进行其他作业	是 / 否	0/1
A_4	巡逻艇故障	是 / 否	0/1
A_5	通信故障	是 / 否	0/1

（续表）

节点	属性	取值	可靠性界定
A_{16}	外部环境故障	是 / 否	0/1
A_{17}	无法提供资源	是 / 否	0/1
A_{18}	通信故障	是 / 否	0/1
Z_1	指挥控制失效	是 / 否	0/1

相应的条件概率如下：

$$P(A_{16}=1\Big|\prod_{A_1,A_2}(1-A_1)(1-A_2)=1)=0,$$

$$P(A_{16}=1\Big|\prod_{A_1,A_2}(1-A_1)(1-A_2)=0)=1,$$

$$P(A_{17}=1\Big|\prod_{A_3,A_4}(1-A_3)(1-A_4)=1)=0,$$

$$P(A_{17}=1\Big|\prod_{A_3,A_4}(1-A_3)(1-A_4)=0)=1,$$

$$P(Z_1=1|A_{16}=0,A_{17}=0,A_{18}=0)=0,$$

$$P(Z_1=1\Big|\prod_{A_{16},A_{17},A_{18}}(1-A_{16})(1-A_{17})(1-A_{18})=0)=1,$$

$$P(A_{18}=0|A_5=0)=1。$$

Z_1 失效的概率为：

$$P(Z_1=0)=\sum_{A_{16},A_{17},A_{18}}P(Z_1=0\mid A_{16},A_{17},A_{18})\sum_{A_1,A_2}P(A_{16}\mid A_1,A_2)P(A_1)P(A_2)\cdot \sum_{A_3,A_4}P(A_{17}\mid A_3,A_4)P(A_3)P(A_4)\sum_{A_5}P(A_{18}\mid A_5)P(A_5) \tag{5-16}$$

则应急指挥中心对巡逻艇的指挥联系的可靠性为

$$R_L(Z_1)=1-P(Z_1=0) \tag{5-17}$$

5.4.2　应急指挥中心对清污队伍的调度一般联系分析

1）故障树的建立

在 Z_3 联系中，类似于 5.4.1 节的分析，应急指挥中心对清污队伍的调度在应急状态下的可靠性较高，除非出现特殊情况或者特殊事件。应急指挥中心调度清污队伍实效属于小概率事件，结合专家分析和历年案例，可以得出导致调度联系实效的主要因素，具体情况如图 5-14 所示。

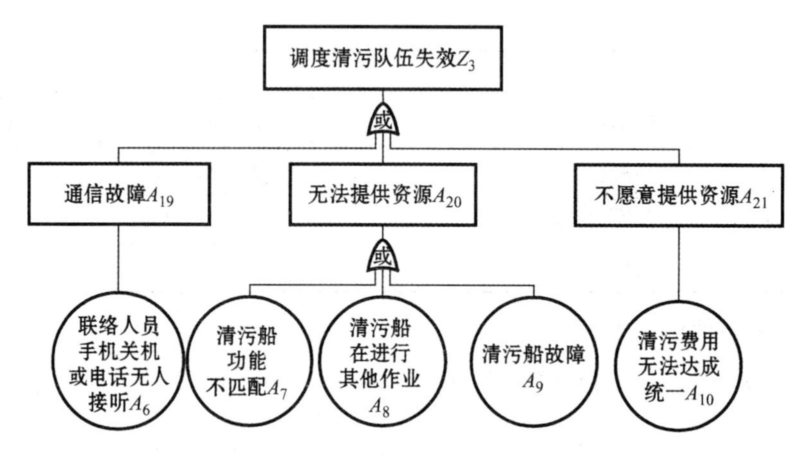

图 5-14 应急指挥中心-清污队伍指挥控制故障树

2）故障树向因果关系网的转化

按照表 5-2 的规则，可以将图 5-14 的故障树转换为图 5-15 的贝叶斯网，其节点的定义如表 5-17 所示，其节点间的条件概率关系和目标节点的概率推理的确定参见式 5-18。

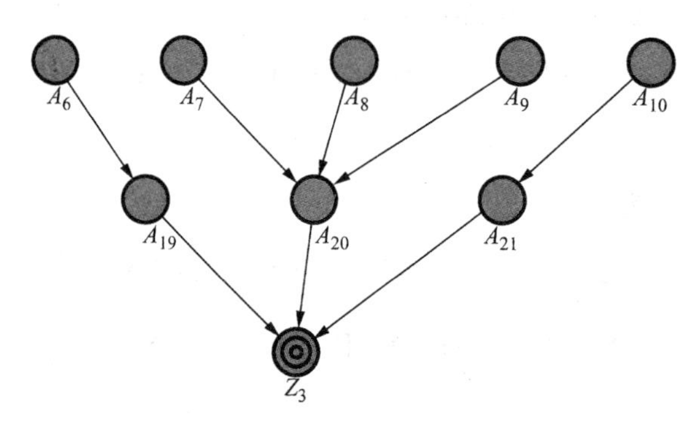

图 5-15 应急指挥中心-清污队伍指挥控制可靠性因果关系网

表 5-17 因果关系网节点定义

节点	属性	取值	可靠性界定
A_6	联络人员关机或无人接听	是 / 否	1/0
A_7	清污船功能不匹配	是 / 否	1/0
A_8	清污船在进行其他作业	是 / 否	1/0
A_9	清污船故障	是 / 否	1/0
A_{10}	清污船费用无法达成统一	是 / 否	1/0

（续表）

节点	属性	取值	可靠性界定
A_{19}	通信故障	是/否	1/0
A_{20}	无法提供资源	是/否	1/0
A_{21}	不愿意提供资源	是/否	1/0
Z_3	指挥控制联系失效	是/否	0/1

相应的条件概率如下：

$P(A_{20}=1 \mid A_7=0, A_8=0, A_9=0)=0$，

$P(A_{20}=1 \mid \prod\limits_{A_7, A_8, A_9}(1-A_7)(1-A_8)(1-A_9)=0)=1$，

$P(A_{19}=0 \mid A_6=0)=1, P(A_{21}=0 \mid A_{10}=0)=1$，

$P(Z_3=1 \mid A_{19}=0, A_{20}=0, A_{21}=0)=0$，

$P(Z_3=1 \mid \prod\limits_{A_{19}, A_{20}, A_{21}}(1-A_{19})(1-A_{20})(1-A_{21})=0)=1$。

Z_3 失效的概率为：

$$P(Z_3=0)=\sum_{A_{19}, A_{20}, A_{21}} P(Z_3=0 \mid A_{19}, A_{20}, A_{21}) \sum_{A_7, A_8, A_9} P(A_{20} \mid A_7, A_8, A_9) \cdot P(A_7)P(A_8)P(A_9)\sum_{A_6} P(A_{19} \mid A_6)P(A_6)\sum_{A_{10}} P(A_{21} \mid A_{10})P(A_{10}) \tag{5-18}$$

则应急指挥中心对清污队伍的调度联系的可靠性为：

$$R_L(Z_3)=1-P(Z_3=0) \tag{5-19}$$

5.5 应急方案实施阶段关键联系可靠性分析

指挥控制联系主要包括在溢油应急行动中，指挥方对执行方的下达命令，执行方接受的可靠性。主要包括应急指挥中心和船方、应急指挥中心和溢油清污队伍之间的指挥控制联系。应急方案执行阶段涉及的关键联系为：$Z_4=\{L(T_{42})_2, L(T_{43})_2\}$，$Z_5=\{L(T_{42})_1, L(T_{43})_1\}$。

5.5.1 指挥中心对船方的控制紧密联系分析

对于 Z_4 联系，这里对调查问卷采集的数据进行分析。

5.5.1.1 联系连通可靠性 Q_5

1) Q_5 因果结构确定

以 Q_5 为根节点，影响因素为叶节点，建立如图 5-16 所示的朴素贝叶斯网。

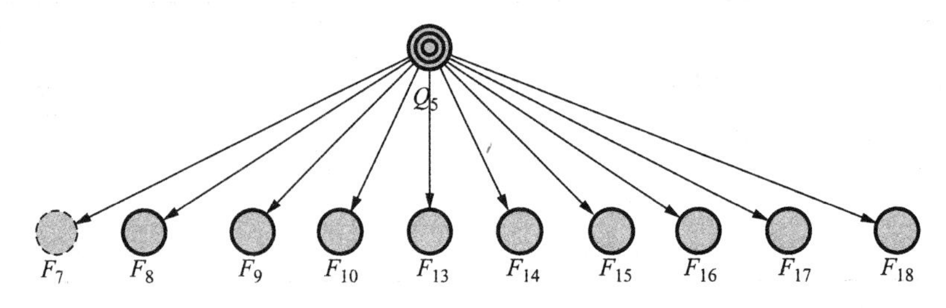

图 5-16　Q_5 因果关系网

2）条件概率计算

利用最大似然估计原则对问卷中与 Q_5 相关的数据进行分析，得出父节点 Q_5 的边缘概率为：$P(Q_5=1)=0.34028$，$P(Q_5=2)=0.65972$，$P(Q_5=3)=0$，说明 Q_5 的选项偏好为选项 2，即一般情况下，船方在海事部门调查时，偏向于将信息先通报给船公司岸上部门。

利用贝叶斯估计原则对问卷中与 Q_5 相关的数据进行分析，得出 Q_5 和影响因素的条件概率 $P(F_j \mid Q_5)$ 如表 5-18 所示。

表 5-18　Q_5 的条件概率值　　单位：%

报告对象	影响因素集								
	F_{18}			F_{14}			F_{16}		
Q_5	1	2	3	1	2	3	1	2	3
1	25.510	24.490	50.000	25.510	25.510	48.980	50.000	25.510	24.490
2	24.737	25.263	50.000	24.737	24.737	50.526	50.000	24.737	25.263

报告对象	影响因素集								
	F_{17}		F_7				F_{15}		
Q_5	1	2	≤6.417	≤9.25	≤12.833	>12.833	1	2	3
1	51.020	48.980	51.020	0.000	16.327	32.653	38.776	24.490	36.735
2	49.474	50.526	24.211	16.842	50.526	8.421	36.842	25.263	37.895

（续表）

报告对象	影响因素集								
	F_{10}		F_8			F_9		F_{13}	
Q_5	1	2	1	2	3	1	2	1	2
1	32.653	67.347	32.653	32.653	34.694	100.000	0.000	51.020	48.980
2	8.421	91.579	33.684	50.526	15.789	91.579	8.421	49.474	50.526

3）节点关系分析

与 Q_5 相关的节点关系分析结果如表 5-19 所示。

表 5-19　Q_5 关系分析

父关系	子关系	KL 偏差	关系权重	互信息	p 值 /%	r 值
Q_5	F_7	0.209 024	0.337 7	0.209 024	0.00	83.453 5
Q_5	F_{10}	0.064 911	0.104 9	0.064 911	0.00	25.916 1
Q_5	F_8	0.036 822	0.059 5	0.036 822	0.06	14.701 3
Q_5	F_9	0.034 542	0.055 8	0.034 542	0.02	13.791
Q_5	F_{15}	0.000 258	0.000 4	0.000 258	94.99	0.102 9
Q_5	F_{14}	0.000 155	0.000 3	0.000 155	96.95	0.061 9
Q_5	F_{13}	0.000 155	0.000 3	0.000 155	80.36	0.061 9
Q_5	F_{17}	0.000 155	0.000 3	0.000 155	80.36	0.061 9
Q_5	F_{16}	0.000 077	0.000 1	0.000 077	98.47	0.030 9
Q_5	F_{18}	0.000 077	0.000 1	0.000 077	98.47	0.030 9

从表 5-19 的计算数据可以看出，若取 KL 偏差 >0.005，互信息 >0.005，p 值 <0.05，则 $\{F_7, F_{10}, F_8, F_9\}$ 和 Q_5 的显著相关性较强，结合 r 值，可以看出均为正相关。即在溢油处理过程中，海事部门向船方进行事故调查取证时，船长比其他船员更倾向于按照溢油预案规定直接将溢油相关信息提供给海事部门，经过培训比未接受过培训的人直接向海事部门提供真实信息的概率较高；但是在船海龄越长，学历越高，则首先报告船公司的概率反而偏高。

从图 5-17 中可以看出，F_{18}，F_{16}，F_{13}，F_{14}，F_{17}，F_{15} 的变化对 Q_5 的影响不大；F_7 的变化对 Q_5 的影响最大。

4）选择偏好分析

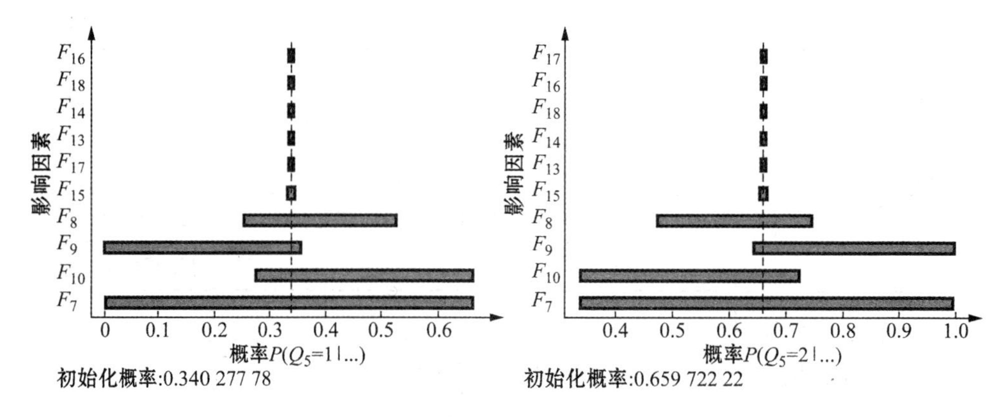

图 5-17 Q_5 敏感性分析

综上所述,若给定关键影响因素$\{F_7,F_8,F_9,F_{10}\}$,结合表 5-18,可得事故船方直接将调查取证信息告诉给海事部门的概率为

$$P(Q_5=1|F_7,F_8,F_9,F_{10})$$
$$=\frac{0.340\,28P(F_7|Q_5=1)P(F_8|Q_5=1)P(F_9|Q_5=1)P(F_{10}|Q_5=1)}{P(F_7,F_8,F_9,F_{10})} \quad (5\text{-}20)$$

事故船方将调查取证信息先通报给岸上船公司部门的概率为

$$P(Q_5=2|F_7,F_8,F_9,F_{10})$$
$$=\frac{0.659\,72P(F_7|Q_5=2)P(F_8|Q_5=2)P(F_9|Q_5=2)P(F_{10}|Q_5=2)}{P(F_7,F_8,F_9,F_{10})} \quad (5\text{-}21)$$

5.5.1.2 联系效率可靠性 Q_6

1) Q_6结构确定

设定 Q_6 为根节点,采用朴素贝叶斯网对海事部门对船方的指挥控制情况进行建模。

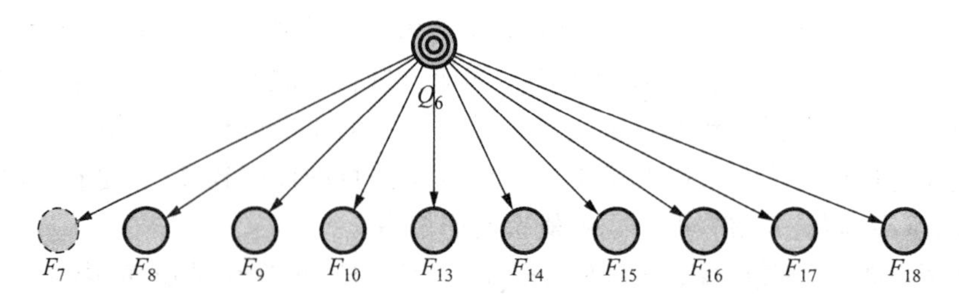

图 5-18 Q_6 因果关系网

2) 条件概率计算

利用最大似然估计原则对问卷中与 Q_6 相关的数据进行分析，得出父节点 Q_6 的边缘概率为：$P(Q_6=1)=0.21181$，$P(Q_6=2)=0.78819$，$P(Q_6=3)=0$，说明 Q_6 的选项偏好为选项 2，即在指挥控制过程中，船方更倾向于听从船公司岸上部门的命令。

利用贝叶斯估计原则对问卷中与 Q_6 相关的数据进行分析，得出 Q_6 和影响因素的条件概率 $P(F_j \mid Q_6)$ 如表 5-20 所示。

表 5-20　Q_6 的条件概率值　　　单位：%

报告对象	影响因素集								
	F_{18}			F_{14}			F_{16}		
Q_6	1	2	3	1	2	3	1	2	3
1	24.590	26.230	49.180	27.869	24.590	47.541	50.820	26.230	22.951
2	25.110	24.670	50.220	24.229	25.110	50.661	49.780	24.670	25.551

报告对象	影响因素集								
	F_{17}		F_7			F_{15}			
Q_6	1	2	⩽6.417	⩽9.25	⩽12.833	⩽6.417	1	2	3
1	45.902	54.098	47.541	0.000	26.230	26.230	40.984	22.951	36.066
2	51.101	48.899	29.515	14.097	42.291	14.097	36.564	25.551	37.885

报告对象	影响因素集								
	F_{10}		F_8			F_9		F_{13}	
Q_6	1	2	1	2	3	1	2	1	2
1	26.230	26.230	26.230	52.459	21.311	100.000	0.000	50.820	49.180
2	0.000	14.097	35.242	42.291	22.467	92.952	7.048	49.780	50.220

3) 节点关系分析

节点关系分析结果如表 5-21 所示。

表 5-21　Q_6 关系分析

父关系	子关系	KL 偏差	关系权重	互信息	p 值/%	r 值
Q_6	F_{10}	0.159 452	0.270 4	0.159 452	0.00	63.661 5
Q_6	F_7	0.067 168	0.113 9	0.067 168	0.00	26.817
Q_6	F_9	0.019 701	0.033 4	0.019 701	0.50	7.865 7
Q_6	F_8	0.005 87	0.01	0.005 87	30.98	2.343 6
Q_6	F_{17}	0.001 304	0.002 2	0.001 304	47.07	0.520 4
Q_6	F_{15}	0.001 054	0.001 8	0.001 054	81.03	0.420 7
Q_6	F_{14}	0.000 872	0.001 5	0.000 872	84.03	0.348 1
Q_6	F_{16}	0.000 474	0.000 8	0.000 474	90.97	0.189 3
Q_6	F_{18}	0.000 155	0.000 3	0.000 155	96.95	0.061 9
Q_6	F_{13}	0.000 052	0.000 1	0.000 052	88.53	0.020 8

从表 5-21 的计算数据可以看出，若取 KL 偏差 >0.005，互信息 >0.005，p 值 <0.05，从表 5-21 可以看出，$\{F_{10}, F_7, F_9\}$ 和 Q_6 显著相关，结合 r 值，可以看出影响因素和 Q_6 正相关。从结果来看，在船海龄越短，学历较低的人更倾向于按照《预案》规定从事；但是组织关系方受到培训次数较多，则按照《预案》等的规定，听从海事部门的指令的概率较高。

因变量 Q_6 对自变量的敏感度分析的结果如图 5-19 所示。

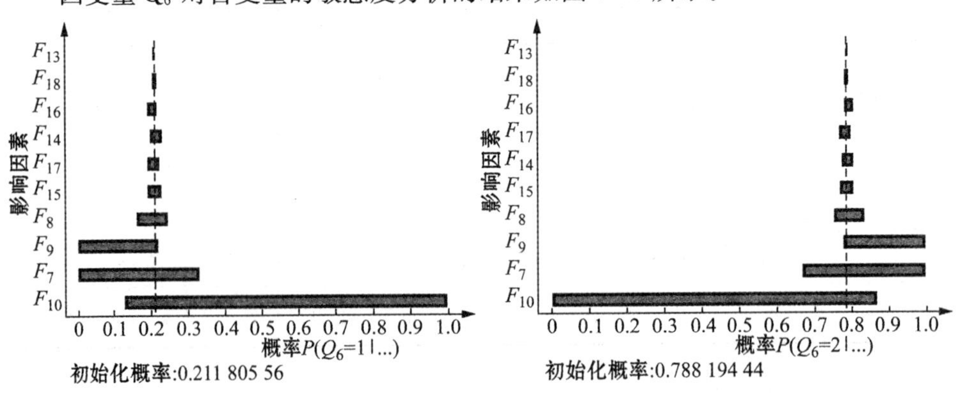

图 5-19　Q_6 敏感性分析

结合上述内容,可以看出关键影响因素为事故船方主体特征 $\{F_7, F_9, F_{10}\}$ 。

4) 选择偏好分析

若给定事故船方主体特征 $\{F_7, F_9, F_{10}\}$,结合表 5-20,可以得出事故船方听从应急指挥中心命令的概率为

$$P(Q_6 = 1 | F_7, F_9, F_{10}) = \frac{0.21181 \times P(F_7 | Q_6 = 1)P(F_9 | Q_6 = 1)P(F_{10} | Q_6 = 1)}{P(F_7, F_9, F_{10})} \tag{5-22}$$

事故船方倾向于听从船公司岸上部门命令的概率为

$$P(Q_6 = 2 | F_7, F_9, F_{10}) = \frac{0.78819 \times P(F_7 | Q_6 = 2)P(F_9 | Q_6 = 2)P(F_{10} | Q_6 = 2)}{P(F_7, F_9, F_{10})} \tag{5-23}$$

5.5.1.3 联系效果可靠性 Q_7

1) Q_7 结构确定

设定 Q_7 为根节点,采用朴素贝叶斯网对海事部门对船方使用消油剂时,与海事部门联系情况进行建模,其结构如图 5-20 所示。

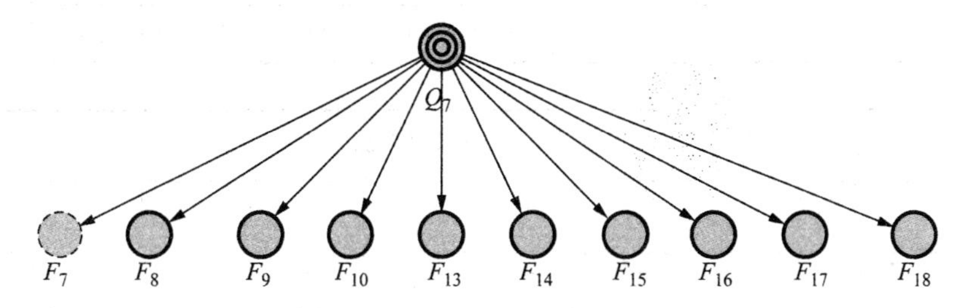

图 5-20 Q_7 因果关系网

2) 条件概率计算

利用最大似然估计原则对问卷中与 Q_7 相关的数据进行分析,得出父节点 Q_7 的边缘概率为:$P(Q_7 = 1) = 0.38194$, $P(Q_7 = 2) = 0.61458$, $P(Q_7 = 3) = 0.00347$, $P(Q_7 = 4) = 0$,说明 Q_8 的选项偏好为选项 2,即征求船公司岸上部门的意见。

利用贝叶斯估计原则对问卷中与 Q_7 相关的数据进行分析,得出 Q_7 和影响因素的条件概率 $P(F_j \mid Q_7)$ 如表 5-22 所示。

表 5-22 Q_7 的条件概率值 单位:%

报告对象	影响因素集								
	F_{18}			F_{14}			F_{16}		
Q_7	1	2	3	1	2	3	1	2	3
1	26.364	23.636	50.000	24.545	24.545	50.909	50.909	25.455	23.636
2	24.294	25.989	49.718	24.859	25.424	49.718	49.718	24.859	25.424
3	0.000	0.000	100.000	100.00	0.000	0.000	0.000	0.000	100.0

报告对象	影响因素集								
	F_{17}			F_7			F_{15}		
Q_7	1	2	≤6.417	≤9.25	≤12.833	≤6.417	1	2	3
1	51.818	48.182	45.455	14.545	29.091	10.909	36.364	24.545	39.091
2	49.153	50.847	25.989	9.040	45.198	19.774	37.853	25.424	36.723
3	0.000	100.000	0.000	0.000	0.000	100.00	100.000	0.000	0.000

报告对象	影响因素集								
	F_{10}		F_8			F_9		F_{13}	
Q_7	1	2	1	2	3	1	2	1	2
1	14.545	85.455	40.000	29.091	30.909	85.455	14.545	49.091	50.909
2	18.079	81.921	28.814	54.237	16.949	100.000	0.000	50.847	49.153
3	0.000	100.000	100.000	0.000	0.000	100.000	0.000	0.000	100.000

3) 节点关系分析

Q_7 朴素贝叶斯网中节点间关系计算结果如表 5-23 所示。

表 5-23 Q_7 关系分析

父关系	子关系	*KL* 偏差	关系权重	互信息	*p* 值/%	*r* 值
Q_7	F_9	0.081008	0.181	0.081008	0.00	−0.3063
Q_7	F_7	0.052568	0.1175	0.052568	0.18	0.2438

（续表）

父关系	子关系	KL 偏差	关系权重	互信息	p 值 /%	r 值
Q_7	F_8	0.051 777	0.115 7	0.051 777	0.04	−0.029 8
Q_7	F_{16}	0.007 263	0.016 2	0.007 263	57.47	0.031 9
Q_7	F_{14}	0.007 078	0.015 8	0.007 078	58.74	−0.023 4
Q_7	F_{15}	0.005 334	0.011 9	0.005 334	71.20	−0.032 6
Q_7	F_{18}	0.004 15	0.009 3	0.004 15	79.85	0.019 1
Q_7	F_{17}	0.003 964	0.008 9	0.003 964	45.32	0.035 3
Q_7	F_{13}	0.003 691	0.008 2	0.003 691	47.87	−0.007 1
Q_7	F_{10}	0.002 461	0.005 5	0.002 461	61.18	−0.041

从表 5-23 的计算数据可以看出，若取 KL 偏差 >0.005，互信息 >0.005，p 值 <0.05，和 Q_7 显著相关的因素包括 $\{F_9, F_8, F_7\}$，从 r 值可以看出，其中 $\{F_9, F_8\}$ 与 Q_7 数值上负相关，$\{F_7\}$ 与 Q_7 数值上正相关。《预案》等规定船方组织使用消油剂，必须向海事部门直接汇报。因此，问卷设计此选项进而考核在此情况下，海事部门组织对船方组织的指挥控制可靠度。结合表 5-23 的数据可以发现。经过溢油应急培训，船方能够按照预案，向海事部门进行消油剂使用申报的概率较大；另外，轮机长按照《预案》等规定行动的概率较高，组织关系方在船海龄越小，则越倾向于按照《预案》等规定行动。

因变量 Q_7 对自变量的敏感度分析的结果如图 5-21 所示。

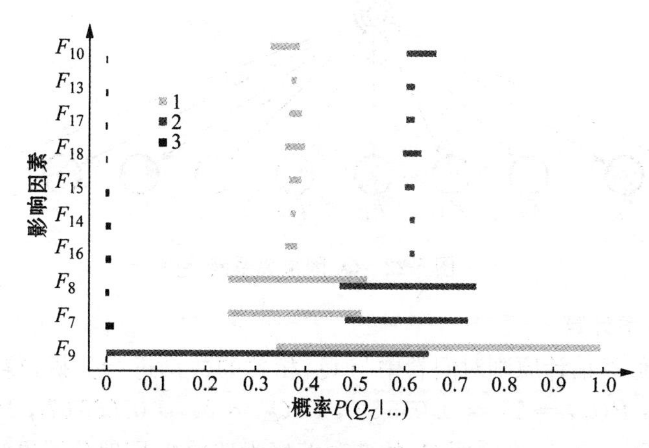

图 5-21　Q_7 敏感性分析

从图 5-20 可以看出，培训 F_9 对 Q_7 选项的影响较大，因此通过培训，可以较好的提高船方与海事部门之间联系的可靠性。

综上所述，关键影响因素为事故船方主体特征$\{F_7, F_8, F_9\}$。

4) 选择偏好分析

若给定 $\{F_7, F_8, F_9\}$，结合表 5-23，可以得船方征求海事局同意再使用消油剂的概率为

$$P(Q_7=1|F_7,F_8,F_9)=\frac{0.38194\times P(F_7|Q_7=1)P(F_8|Q_7=1)P(F_9|Q_7=1)}{P(F_7,F_8,F_9)} \tag{5-24}$$

船方征求船公司岸上部门同意使用消油剂的概率为

$$P(Q_7=2|F_7,F_8,F_9)=\frac{0.61458\times P(F_7|Q_7=2)P(F_8|Q_7=2)P(F_9|Q_7=2)}{P(F_7,F_8,F_9)} \tag{5-25}$$

船方自行使用消油剂的概率为

$$P(Q_7=3|F_7,F_8,F_9)=\frac{0.00347\times P(F_7|Q_7=3)P(F_8|Q_7=3)P(F_9|Q_7=3)}{P(F_7,F_8,F_9)} \tag{5-26}$$

5.5.1.4 联系效果可靠性 Q_8

1) Q_8结构确定

设定 Q_8 为根节点，采用朴素贝叶斯网建立船方在溢油应急处置过程中，与海事部门汇报联系情况进行建模，其结果如图 5-22 所示。

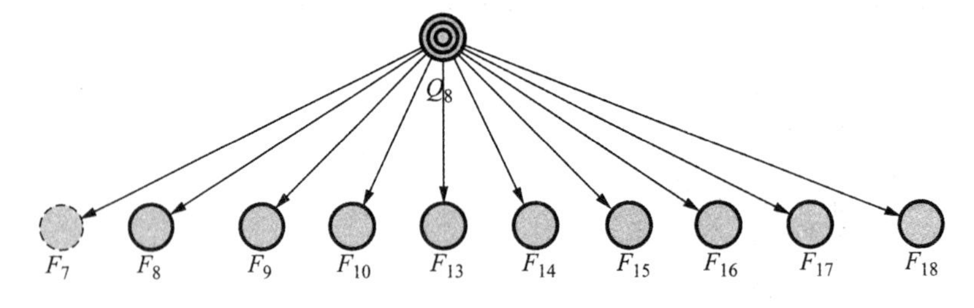

图 5-22 Q_8 因果关系网

2) 条件概率计算

利用最大似然估计原则对问卷中与 Q_8 相关的数据进行分析，得出父节点 Q_8 的边缘概率为：$P(Q_8=1)=0.05556$，$P(Q_8=2)=0.66667$，$P(Q_8=3)=0.27778$，$P(Q_8=4)=0$ 说明 Q_8 的选项偏好为选项 2，即船公司更倾向于将溢油

清除状况直接汇报给船公司岸上部门。

利用贝叶斯估计原则对问卷中与 Q_8 相关的数据进行分析，得出 Q_8 和影响因素的条件概率 $P(F_j \mid Q_8)$ 如表 5-24 所示。

表 5-24　Q_8 的条件概率值　　单位：%

报告对象	影响因素集								
	F_{18}			F_{14}			F_{16}		
Q_8	1	2	3	1	2	3	1	2	3
1	25.000	25.000	50.000	25.000	25.000	50.000	50.000	25.000	25.000
2	25.000	25.000	50.000	25.000	25.000	50.000	50.000	25.000	25.000
3	25.000	25.000	50.000	30.000	25.000	45.000	70.000	15.000	15.000

报告对象	影响因素集								
	F_{17}		F_7				F_{15}		
Q_8	1	2	≤6.417	≤9.25	≤12.833	≤6.417	1	2	3
1	50.000	50.000	0.000	0.000	100.000	0.000	37.500	25.000	37.500
2	50.000	50.000	33.333	8.333	41.667	16.667	37.500	25.000	37.500
3	40.000	40.000	40.000	20.000	20.000	20.000	42.500	25.000	32.500

报告对象	影响因素集								
	F_{10}		F_8			F_9		F_{13}	
Q_8	1	2	1	2	3	1	2	1	2
1	0.000	100.000	100.000	0.000	0.000	100.000	0.000	50.000	50.000
2	16.667	83.333	25.000	50.000	25.000	100.000	0.000	50.000	50.000
3	20.000	80.000	40.000	40.000	20.000	80.000	20.000	50.000	50.000

3）节点关系分析

Q_8 朴素贝叶斯网中的节点关系计算结果如表 5-25 所示。

表 5-25 Q_8 关系分析

父关系	子关系	*KL* 偏差	关系权重	互信息	*p* 值/%	*r* 值
Q_8	F_7	0.117942	0.1884	0.117942	0.00	−0.1382
Q_8	F_{17}	0.109008	0.1741	0.109008	0.00	0.2044
Q_8	F_9	0.109008	0.1741	0.109008	0.00	0.354
Q_8	F_8	0.107735	0.1721	0.107735	0.00	0.0629
Q_8	F_{16}	0.024051	0.0384	0.024051	4.77	−0.149
Q_8	F_{10}	0.016139	0.0258	0.016139	3.99	−0.0933
Q_8	F_{14}	0.002092	0.0033	0.002092	93.37	−0.0484
Q_8	F_{15}	0.001937	0.0031	0.001937	94.20	−0.0468
Q_8	F_{18}	0	0	0	100.00	0
Q_8	F_{13}	0	0	0	100.00	0

从表 5-25 的计算数据可以看出，若取 *KL* 偏差 >0.005，互信息 >0.005，p 值 <0.05，与 Q_8 显著相关的要素包括$\{F_7,F_{17},F_9,F_8,F_{16},F_{10}\}$。结合 r 值，可以看出$\{F_{17},F_9,F_8\}$与 Q_8 数值上正相关，$\{F_7,F_{16},F_{10}\}$数值上负相关。即：当风较大时，船方直接联系海事部门的概率较高；当使用无线电台时，更倾向于直接和海事部门联系；另外，职务为轮机长，在船海龄越高，学历越高，按照《预案》等的规定直接和海事部门汇报溢油情况的概率就越大。

因变量 Q_8 对自变量的敏感度分析的结果如图 5-23 所示。

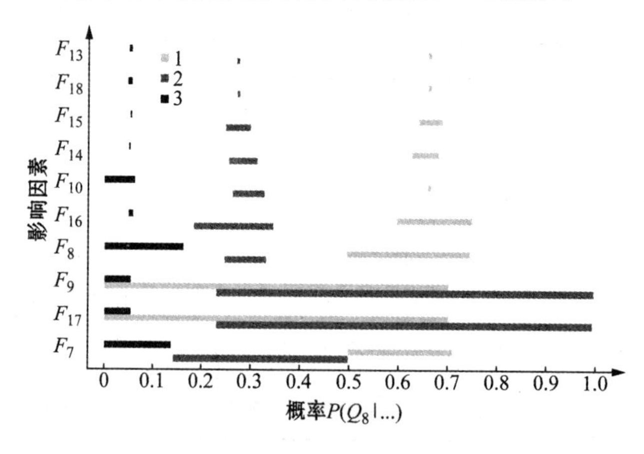

图 5-23 Q_8 敏感性分析

从图 5-22 中可以看出，大部分溢油情境的改变对 Q_8 的影响不大，而风和船方组织个体特征对船方是否会将溢油信息汇报给海事部门的影响较明显。

综上所述，可以得到关键影响因素为：船方主体特征$\{F_7,F_8,F_9,F_{10}\}$，溢油情境因素$\{F_{16},F_{17}\}$。

4) 选择偏好分析

若给定 $\{F_7,F_8,F_9,F_{10},F_{16},F_{17}\}$，结合表 5-24，可以得事故船方首先向海事部门进行事故报告的概率为

$$
\begin{aligned}
P(Q_8 &= 1 \mid F_7,F_8,F_9,F_{10},F_{16},F_{17}) \\
&= 0.05556 \times P(F_7 \mid Q_8 = 1)P(F_8 \mid Q_8 = 1)P(F_9 \mid Q_8 = 1)P(F_{10} \mid Q_8 = 1)\cdot \\
&\quad P(F_{16} \mid Q_8 = 1)P(F_{17} \mid Q_8 = 1)/P(F_7,F_8,F_9,F_{10},F_{16},F_{17}) \qquad (5\text{-}27)
\end{aligned}
$$

$$
\begin{aligned}
P(Q_8 &= 2 \mid F_7,F_8,F_9,F_{10},F_{16},F_{17}) \\
&= 0.66667 \times P(F_7 \mid Q_8 = 2)P(F_8 \mid Q_8 = 2)P(F_9 \mid Q_8 = 2)P(F_{10} \mid Q_8 = 2)\cdot \\
&\quad P(F_{16} \mid Q_8 = 2)P(F_{17} \mid Q_8 = 2)/P(F_7,F_8,F_9,F_{10},F_{16},F_{17})) \qquad (5\text{-}28)
\end{aligned}
$$

$$
\begin{aligned}
P(Q_8 &= 3 \mid F_7,F_8,F_9,F_{10},F_{16},F_{17}) \\
&= 0.27778 \times P(F_7 \mid Q_8 = 3)P(F_8 \mid Q_8 = 3)P(F_9 \mid Q_8 = 3)P(F_{10} \mid Q_8 = 3)\cdot \\
&\quad P(F_{16} \mid Q_8 = 3)P(F_{17} \mid Q_8 = 3)/P(F_7,F_8,F_9,F_{10},F_{16},F_{17}) \qquad (5\text{-}29)
\end{aligned}
$$

5.5.1.5 Z_4 联系可靠性

海事部门对船方的指挥控制联系 Z_4 的连通度、效率和效果可以从四个问题{船方信息提供对象 Q_5，海事指挥控制命令接收情况 Q_6，船方作业报告对象 Q_7，船方溢油清除优先报告对象 Q_8} 来衡量，其中：$LT^C = \{Q_5\}$，$XL^C = \{Q_6\}$，$XY^C = \{Q_7,Q_8\}$，设对于 Q_i 选择第 t 个选项的可靠性为 s_t^i，$\{Q_5,Q_6,Q_7,Q_8\}$ 的重要性权重分别为 w^i，则指挥中心对船方的指挥控制联系的可靠性为

$$
\begin{aligned}
R_L(Z_4) = {} & w^5[s_1^5 P(Q_5 = 1 \mid E) + s_2^5 P(Q_5 = 2 \mid E)] + w^6[s_1^6 P(Q_6 = 1 \mid E) + \\
& s_2^6 P(Q_6 = 2 \mid E)] + w^7[s_1^7 P(Q_7 = 1 \mid E) + s_2^7 P(Q_7 = 2 \mid E)] + \\
& w_8[s_1^8 P(Q_8 = 1 \mid E) + s_2^8 P(Q_8 = 2 \mid E) + \\
& s_3^8 P(Q_8 = 3 \mid E)] \qquad (5\text{-}30)
\end{aligned}
$$

5.5.2 现场指挥中心对清污队伍的指挥一般联系分析

在溢油应急处理过程中，现场指挥中心向清污队伍发出应急处理指令，清污队伍按照指令完成相应的任务。如果在规定的时间内，清污队伍完成相应的指令要求，则双方之间的指挥控制联系的可靠性为 1。但是在实际过程中，可能出现特殊情况，导致任务完成失败。下面的故障树主要从组织因来探寻可能导致任务完成失败的原因，具体失效因素如图 5-24 所示。

1）故障树的建立

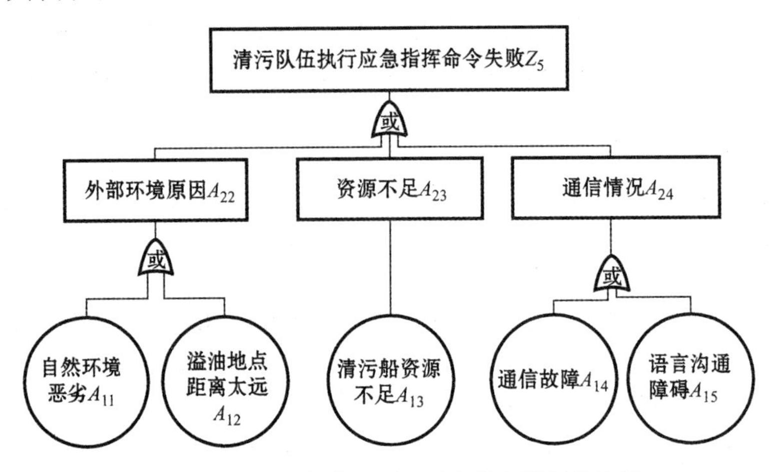

图 5-24　现场指挥中心-清污队伍指挥控制故障树

2）故障树向因果关系网的转化

按照表 5-2 的规则，可以将图 5-24 的故障树转换为图 5-25 的贝叶斯网。其节点的定义参见表 5-26，其节点间条件概率的确定和目标节点概率的推理参见式 5-31。

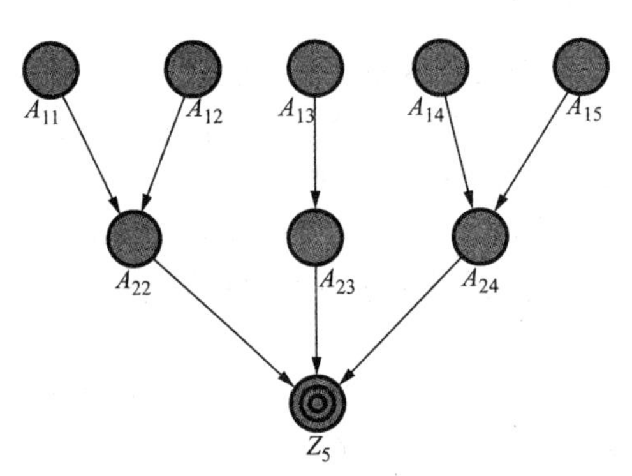

图 5-25　现场指挥中心-清污队伍指挥控制可靠性贝叶斯网

表 5-26　贝叶斯网节点定义

节点	属性	取值	可靠性界定
A_{11}	自然环境恶劣	风力 ≥ 8 级 / 风力 < 8 级	1/0
A_{12}	溢油地点距离太远	外海 / 近海和沿海和港口	1/0
A_{13}	清污船资源不足	是 / 否	1/0

（续表）

节点	属性	取值	可靠性界定
A_{14}	通信故障	是 / 否	1/0
A_{15}	语言沟通障碍	是 / 否	1/0
A_{22}	外部环境故障	是 / 否	1/0
A_{23}	资源不足	是 / 否	1/0
A_{24}	通信故障	是 / 否	1/0
Z_5	指挥控制联系失效	是 / 否	0/1

相应的条件概率如下：

$P(A_{22}=1 \mid A_{11}=0, A_{12}=0)=0, P(A_{22}=1 \mid A_{11}=1, A_{12}=0)=1,$

$P(A_{22}=1 \mid A_{11}=0, A_{12}=1)=1, P(A_{22}=1 \mid A_{11}=1, A_{12}=1)=1,$

$P(A_{24}=1 \mid A_{14}=0, A_{15}=0)=0, P(A_{24}=1 \mid A_{14}=1, A_{15}=0)=1,$

$P(A_{24}=1 \mid A_{14}=0, A_{15}=1)=1, P(A_{24}=1 \mid A_{14}=1, A_{15}=1)=1,$

$P(A_{23}=0 \mid A_{13}=0)=1, P(Z_5=1 \mid A_{22}=0, A_{23}=0, A_{24}=0)=0,$

$P(Z_5=1 \mid \prod_{A_{22}, A_{23}, A_{24}} (1-A_{22})(1-A_{23})(1-A_{24})=0)=1$。

Z_5 失效的概率为

$$P(Z_5=0)=\sum_{A_{22}, A_{23}, A_{24}} P(Z_5=0 \mid A_{22}, A_{23}, A_{24}) \sum_{A_{11}, A_{12}} P(A_{22} \mid A_{11}, A_{12}) P(A_{11}) P(A_{12}) \cdot \sum_{A_{14}, A_{15}} P(A_{24} \mid A_{14}, A_{15}) P(A_{14}) P(A_{15}) \cdot \sum_{A_{13}} P(A_{23} \mid A_{13}) P(A_{13}) \tag{5-31}$$

则现场指挥中心对清污队伍的指挥控制联系的可靠性为

$$R_L(Z_5)=1-P(Z_5=0) \tag{5-32}$$

5.6　本章小结

组织间联系分为 GE 和 NE，其中 GE 联系可采用朴素贝叶斯网对问卷数据进行分析，从而得到联系行为选择偏好，而 NE 行为可以用故障树对失效事件进行分析。关键组织内联系行为的可靠性如表 5-27 所示。

表 5-27 联系可靠性

联系类型	关键联系行为	可 靠 性
GE	B_1	$R_L(B_1)=w^1[s_1^1P(Q_1=1\mid E)+s_2^1P(Q_1=2\mid E)]+w^2[s_1^2P(Q_2=1\mid E)+s_2^2P(Q_2=2\mid E)]+w^3[s_1^3P(Q_3=1\mid E)+s_2^3P(Q_3=2\mid E)]+w^4[s_1^4P(Q_4=1\mid E)+s_2^4\times P(Q_4=2\mid E)]$
	Z_4	$R_L(Z_4)=w^5[s_1^5P(Q_5=1\mid E)+s_2^5P(Q_5=2\mid E)]+w^6[s_1^6P(Q_6=1\mid E)+s_2^6P(Q_6=2\mid E)]+w^7[s_1^7P(Q_7=1\mid E)+s_2^7P(Q_7=2\mid E)]+w^8[s_1^8P(Q_8=1\mid E)+s_2^8P(Q_8=2\mid E)+s_3^8P(Q_8=3\mid E)]$
NE	Z_1	$R_L(Z_1)=1-P(Z_1=0)$
	Z_3	$R_L(Z_3)=1-P(Z_3=0)$
	Z_5	$R_L(Z_5)=1-P(Z_5=0)$

另外,从文中的分析可以看出:

(1) 影响 GE 联系行为的关键因子主要为在船工龄、职务和培训等船方主体特征;环境因素和溢油情境因素对船方和海事部门之间的联系行为的影响不太明显,可以明确的是,有效的培训可以提高船方按照预案向海事部门进行报告的准确性与及时性。

(2) 导致 NE 联系失效的因素主要为小概率事件,如通信故障等,一般情况下,NE 联系的可靠性较高。

第6章　船舶溢油应急处置的组合可靠性评估

6.1　组合可靠性理论框架

6.1.1　理论基础

船舶溢油应急处置组合可靠性的评估采用离散静态贝叶斯网络和离散动态贝叶斯网两种方法[180]。即利用专家知识获得离散静态贝叶斯网的结构，再进行后验概率推理；建立随时间变化的离散动态贝叶斯网，再进行后验概率动态推理。

1）基于离散静态贝叶斯网的后验概率推理

离散静态贝叶斯网的结构由专家针对船舶溢油应急处置的特点而得，参数由前述组织内群体决策可靠性和组织间联系可靠性而得，在此基础上，对目标组合可靠性进行推理。

对一个具有 n 个隐藏节点和 m 个观测节点的离散静态贝叶斯网络，应用贝叶斯网络的条件独立特性，得到其推理的数学本质参见公式(6-1)：

$$P(x_1, x_1, \cdots, x_n \mid y_1, y_2, \cdots, y_m) = \frac{\prod_j P(y_j \mid \pi(Y_j)) \prod_i P(x_i \mid \pi(X_i))}{\sum_{x_1 x_2 \cdots x_n} \prod_j P(y_j \mid \pi(Y_j)) \prod_i P(x_i \mid \pi(X_i))}$$
$$i \in [1, n], j \in [1, m] \tag{6-1}$$

式6-1中，x_i 表示 X_i 的一个取值状态。y_j 表示观测变量 Y_j 的取值。$\pi(Y_j)$ 表示 y_j 的双亲节点集合。分母求和符号 $\sum$ 下 $x_1 x_2 \cdots x_n$ 为隐藏变量的一种组合状态。

2）基于动态贝叶斯网的动态概率推理

图6-1是一个比较典型的离散动态贝叶斯网。

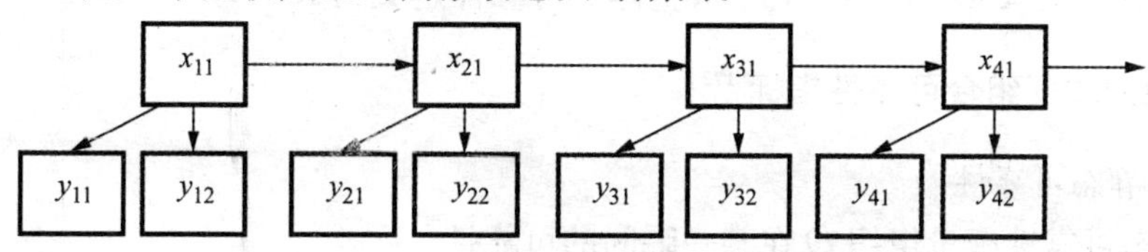

图6-1　离散动态贝叶斯网络举例

离散动态贝叶斯网络推理公式为

$$P(x_{11},x_{12},\cdots,x_{1n},\cdots,x_{T1},x_{T2},\cdots,x_{Tn} \mid y_{11},y_{12},\cdots,y_{1m},\cdots,y_{T1},y_{T2},\cdots,y_{Tm}) = \frac{\prod_{i,j} P(y_{ij} \mid \pi(Y_{ij})) \prod_{i,k} P(x_{ik} \mid \pi(X_{ik}))}{\sum_{x_{11}x_{12}\cdots x_{T1}\cdots x_{Tn}} \prod_{i,j} P(y_{ij} \mid \pi(Y_{ij})) \prod_{i,k} P(x_{ik} \mid \pi(X_{ik}))} \quad i \in [1,T], j \in [1,m], k \in [1,n] \tag{6-2}$$

式 6-2 中：x_{ik} 表示 X_{ik} 的一个取值状态。第一个下标表示第 i 时间片，第二个下标表示该时间片内的第 j 个隐藏节点。y_{ij} 表示观测变量 Y_{ij} 的取值。$\pi(Y_{ij})$ 表示 y_{ij} 的双亲节点集合。分母求和符号 $\sum$ 下 $x_{11},x_{12},\cdots,x_{1n},\cdots,x_{T1},x_{T2},\cdots,x_{Tn}$ 为隐藏变量的一种组合状态。式(6-2)中分母的含义是对观测变量组合状态和隐藏变量组合状态的联合分布求和，实际是计算确定的观测变量组合状态的分布。

6.1.2 研究对象

6.1.2.1 组合可靠性界定

组合可靠性：综合考虑前文所述的子组织群体决策和子组织间联系的可靠性。

因在船舶溢油应急处置的四个阶段即事故报告、应急计划启动、应急方案制定、应急方案实施，组织成员构成在各阶段内基本保持稳定，但不同阶段组织构成又会发生变化。因此，对组合可靠性的计算，拟先采用离散静态贝叶斯网络对各阶段组合可靠性进行建模，然后对四个阶段的整体组合可靠性采用离散动态贝叶斯网进行建模。

图 6-2 为整个船舶溢油应急处置过程中，子组织内可靠性和子组织间可靠性的组合可靠性贝叶斯网结构。

影响 $R(J_i)$ 的要素包括子组织的内部可靠性和子组织之间联系可靠性。子组织的内部可靠性定义为：子组织在规定的时间内完成预案既定目标或专家认可目标的概率。子组织之间联系可靠性定义为：组织间信息联系或指挥控制联系与预案既定目标或专家认可目标的符合程度。四个阶段的子组织可靠性分别定义为 $R(J_1)$，$R(J_2)$，$R(J_3)$ 和 $R(J_4)$，整体的可靠性定义为 $R(O)$。

6.1.2.2 组合可靠性指标[172]

1）静态可靠性

静态可靠性衡量组织 O 在某一瞬间的可靠性。

定义 6.1 瞬时可靠度：在某一时间点，基于组织视角，船舶溢油应急处置的

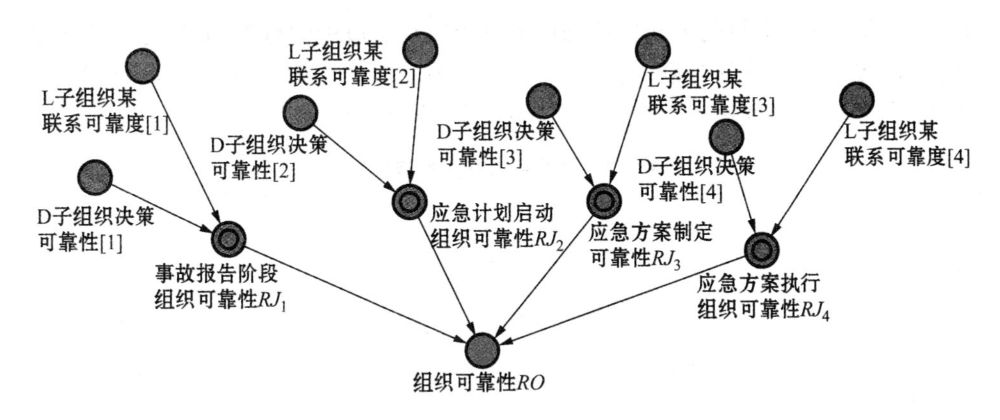

图 6-2　组织因组合静态贝叶斯网结构

可靠度。记号为 $A = R_t(O)$ 。

2）动态可靠性

随着时间的推移，如果记录下每个时刻的瞬时可靠度，可以看出瞬时可靠度的动态变化情况，从而得出动态瞬时可靠度。

定义 6.2　稳态可靠度：随着时间的推移，基于组织视角，船舶溢油应急处置的最终可靠度，记号为 $\lim\limits_{t\to\infty} A(t) = \lim\limits_{t\to\infty} R_t(O)$ 。

定义 6.3　平均可靠度：在一段时间中基于组织视角，船舶溢油应急处置的平均可靠度。记号为 $\overline{A} = \sum A(t)/t = \sum R_t(O)/t$ 。

6.2　基于静态贝叶斯网的组织因组合可靠性模型

6.2.1　静态贝叶斯网参数学习

组织因组合贝叶斯网的节点可以分为三类：根节点、隐变量和目标叶节点。

6.2.1.1　根节点学习

组织可靠性网络的根节点主要包括组织内群体决策可靠性节点{ RD_1 , RD_2 , RD_3 , RD_4 , RD_5 , RD_6 }，事故报告联系可靠性节点{ RB_1 }和指挥控制联系可靠性节点{ RZ_1 , RZ_3 , RZ_4 , RZ_5 }。

1）组织内群体决策可靠性节点

(1) 个体决策行为选择偏好：

对个体离散行为决策的计算，利用了专著“船舶溢油应急处置人因可靠性评估研究”中离散行为选择的公式。该书仅考虑个体在决策中的行为，而船舶溢油应急处置中涉及的决策往往为群体行为，因此本书拟对群体决策行为进行深入研究，本书引用的公式罗列如表 6-1 所示[168]，具体参数的设定见文献[168]：

表 6-1 个体关键行为选择偏好

关键行为	效用函数
事故报告 D_1	$U_{e_{11}}^{D_1} = -1.62 - 0.66A_1 + 0.64A_2 + 0.94A_3 + 0.72A_4 + 0.0068A_7 + 0.11I_5$
先期应急处置 D_2	$U_{e_{24}}^{D_2} = 1.95 - 1.05N_2 - 0.199N_3 - 0.64N_5 + 0.31E_6^a + 0.31E_6^b + 0.37S_4 + 0.21A_2 - 0.08A_7 - 0.03I_1 + 0.21I_2 + 0.08I_3 + 0.101I_5$
	$U_{e_{23}}^{D_2} - 4.73 - 0.64N_2 - 0.297N_3 - 1.23N_5 + 0.59S_4 - 0.57A_2 - 0.29A_7 + 0.11I_1 - 0.14I_3$
	$U_{e_{22}}^{D_2} = 1.695 - 0.52N_2 - 0.642N_5 - 0.62E_6^a - 0.74A_5 - 0.18I_3$
应急计划启动 D_4	$U_{e_{42}}^{D_4} = 2.43 - 0.564N_2 + 0.747A_2 - 0.659A_4 + 0.068A_7 - 0.58I_2 + 0.067I_3 + 0.785I_4 - 0.323I_5$
	$U_{e_{43}}^{D_4} = 0.911A_2 + 0.416A_4 + 0.078A_7 - 0.257I_2 - 0.121I_4$
围控方案选择 D_5	$U_{e_{52}}^{D_5} = -0.806 - 0.411E_5 - 0.154N_4 + 0.299N_5 + 0.105A_8 - 0.245I_2 - 1.055I_4 + 0.753I_5$
清污方案选择 D_6	$U_{e_{62}}^{D_6} = 3.039 + 0.534N_4 - 0.782N_5 + 0.37A_5 + 0.021A_7 - 0.246A_8$
	$U_{e_{63}}^{D_6} = -0.388E_5 + 0.033A_7 + 0.207I_3 + 0.931I_4$
	$U_{e_{64}}^{D_6} = -0.706E_5 + 0.52A_5 + 0.031A_7$
	$U_{e_{65}}^{D_6} = 2.973 + 0.552N_4 - 0.768N_5 + 0.034A_7 - 0.302A_8$
	$U_{e_{66}}^{D_6} = -3.136 + 0.801N_4 + 0.042A_7 - 0.306A_8 + 0.943I_2 + 0.151I_3 + 1.269I_4 - 0.7I_5$
	$U_{e_{67}}^{D_6} = -0.683E_5 + 0.334N_3 + 0.784A_5 + 0.844A_6 + 0.069A_7 - 0.345A_8 + 0.131I_3$
	$U_{e_{68}}^{D_6} = 0.483N_4 + 1.193A_6 + 0.058A_7 + 1.467I_4$

$U_{e_{im}}^{D_i}$ 表示应急人员在执行任务 D_i 时选择方案 e_{im} 的效用偏好。

D_1 代表事故报告，D_2 代表先期应急处置，D_4 代表应急计划启动，D_5 代表围控方案选择，D_6 代表清污方案选择。

A_1 代表溢油发生时间，水平值{白天，夜晚}，编码{0，1}；A_2 代表溢油发生水域位置，水平值{港区，近海，远海}，编码{2，1，0}；A_3 代表溢油原因，水平值{操作性溢油，事故性溢油}，编码{0，1}；A_4 代表事故船舶类型，水平值{液货船，非液货船}，编码{0，1}；A_5 代表溢油油种，水平值{非原油类油品，重质原油，非重质原油}，编码{0，－1，1}；A_6 代表溢油可燃性，水平值{可燃，不可燃}，编码{1，0}；A_7 代表可能溢油量，水平值{5t，10t，50t}，编码{5，10，50}；A_8 代表溢油持续时间，水平值{1h，3h，5h}，编码{1，3，5}；I_1 代表决策人年龄，为调查具体值；I_2 代表决策人学历水平，水平值{硕士及以上，本科，大专，其他}，编码{4，3，2，1}；I_3 代表决策人船上工作时间，为调查具体值；I_4 代表决策人溢油应急经验，水平值{有，没有}，编码{1，0}；I_5 代表决策人应急培训情况，水平值{有，没有}，编码{1，0}；I_6 代表决策人船上职务，水平值{船长，大副，二副，三副，其他}，编码{4，3，2，1，0}；N_2 代表溢油发生水域天气是否有雾，水平值{有雾，无雾}，编码{1，0}；N_3 代表水域风力，水平值{3 级，5 级，6 级}，编码{3，5，6}；N_4 代表水域潮流，水平值{涨潮，平潮，落潮}，编码{1，0，－1}；N_5 代表水域浪高，水平值{0.2m，1m，2m}，编码{0.2，1，2}；E_5 代表溢油是否威胁敏感区，水平值{会，不确定，不会}，编码{1，0，－1}；E_6^a 代表船上是否配备围油栏，水平值{有，没有}，编码{1，0}；E_6^b 代表船上是否配备吸油毡，水平值{有，没有}，编码{1，0}；S_4 代表船员是否具备应急经验，水平值{有，无}，编码{1，0}。

(2) 群体决策行为偏好：

在人因决策行为选择的概率计算基础上，应用群体决策（本书 4.2 节）的方法，对群体决策行为偏好 $P(f(D_i))$ 进行计算。

(3) 群体决策可靠性：

$R_G(D_i)$ 为组织内群体决策的可靠性，D_i 为组织内决策内容，包括{船方事故报告 D_1，船方先期应急处置 D_2，赶赴现场 D_3，海事部门应急计划启动 D_4，应急方案制定 D_5}。设 $r(e_{im})$ 为选择决策方案 e_{im} 的可靠性，则有 $R_G(D_i)=\sum_m P(f(D_i \mid N_q)=e_{im})r(e_{im})$。

2) 组织间联系可靠性计算步骤

(1) GE 联系。

首先确定自变量：事故发生后，根据事故具体情况，根据表 5-3，表 5-4，表 5-5 的规定，确定 $\{F_1,F_2,F_3,F_4,F_5,F_6\}$，$\{F_7,F_8,F_9,F_{10}\}$，$\{F_{13},F_{14},F_{15},F_{16},F_{17},$

$F_{18}\}$ 的取值。

其次计算因变量计算：根据本书 5.3 节和 5.5.1 节中确定的影响联系选项的关键影响因素，结合式 5-4 有 $P(Q_i \mid F_1,F_2,\cdots,F_n) = P(Q_i)P(F_1,F_2,\cdots,F_n \mid Q_i)/P(F_1,F_2,\cdots,F_n)$ 可计算因变量 (Q_i) 取值的概率。

最后计算可靠性：根据公式 5-5 有 $R_L = \sum_i(\sum_t P(Q_i = t)\cdot s_t^i)\cdot w^i$ 可计算出组织间联系行为可靠性。

(2) NE 联系。

首先计算失效率：事故发生后，根据事故具体情况，根据表 5-14，表 5-17，表 5-26判定 A_i 的取值，并分别代入式 5-16，式 5-18，式 5-31 进行计算。

其次计算 NE 联系的可靠性：根据式 5-17，式 5-19，式 5-32，即 $R_L = P(Z_i = 1) = 1 - P(Z_i = 0)$，可计算出可靠性，具体含义如表 6-2 所示。

表 6-2　根节点符号和含义

节点	定义	可靠性计算公式	不可靠 0/可靠 1
RD_1	群体决策 D_1 的可靠性	$R_G(D_1)$	0/1
RD_2	群体决策 D_2 的可靠性	$R_G(D_2)$	0/1
RD_3	群体决策 D_3 的可靠性	$R_G(D_3)$	0/1
RD_4	群体决策 D_4 的可靠性	$R_G(D_4)$	0/1
RD_5	群体决策 D_3 的可靠性	$R_G(D_5)$	0/1
RD_6	群体决策 D_4 的可靠性	$R_G(D_6)$	0/1
RB_1	报告联系 B_1 的可靠性	$R_L(B_1)$	0/1
RZ_1	指挥控制联系 Z_1 的可靠性	$R_L(Z_1)$	0/1
RZ_3	指挥控制联系 Z_3 的可靠性	$R_L(Z_3)$	0/1
RZ_4	指挥控制联系 Z_4 的可靠性	$R_L(Z_4)$	0/1
RZ_5	指挥控制联系 Z_5 的可靠性	$R_L(Z_5)$	0/1

6.2.1.2　隐变量学习

隐变量代表未被观测到的隐因子，通过隐变量的设立可以有效地降低贝叶斯网模型的计算量[170]。

由于船方事故报告决策 RD_2 和船方向海事报告联系 RB_1 是一组串联事件，故设立隐变量 RC_1，$\pi(RC_1) = \{RB_1,RD_2\}$；另外，由于 $\{RZ_3,RD_3,RZ_1\}$ 也为一组串联事件，因此设立隐变量 RC_2，$\pi(RC_2) = \{Z_3,D_3,Z_1\}$。

6.2.1.3 目标叶节点学习

目标节点包括{ RJ_1 , RJ_2 , RJ_3 , RJ_4 , RO },其中{ RJ_1 , RJ_2 , RJ_3 , RJ_4 }的可靠性为不同阶段组织的可靠性,RO 为整个溢油应急处置的组织因的可靠性。

6.2.2 静态贝叶斯网结构学习

结合6.2.1节分析得出的根节点,隐节点和目标叶节点,按照船舶溢油应急处置的四个阶段(事故报告阶段 J_1 、应急计划启动阶段 J_2 、应急方案制定阶段 J_3 和应急方案执行阶段 J_4),建立如图6-3所示的贝叶斯网。

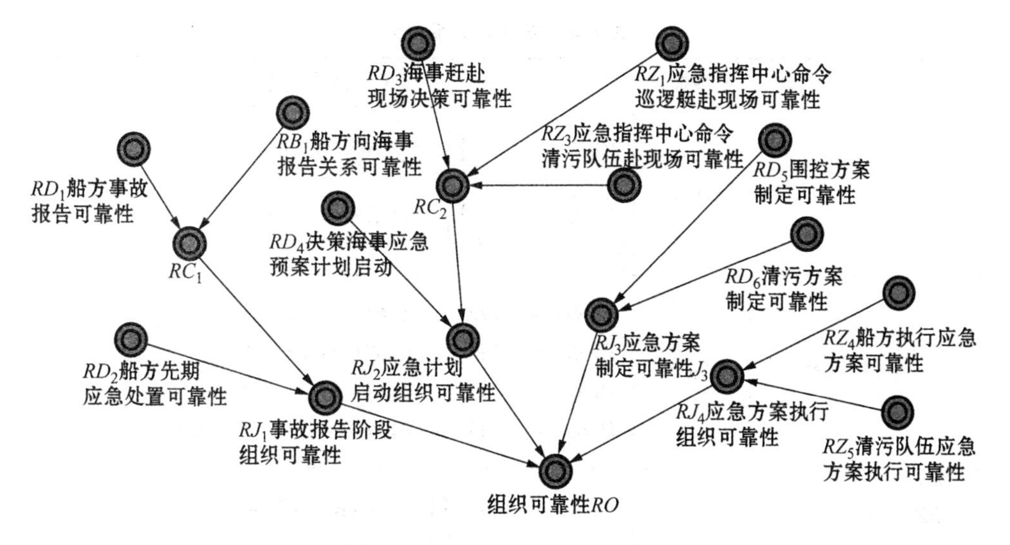

图6-3 组合静态贝叶斯网结构

图中根节点的符号和对应的含义如表6-2所示。

6.2.3 静态贝叶斯网条件概率的确定

组织因可靠性贝叶斯网络中节点之间的关系主要包括And,Or,NoisyOr,NoisyAnd,Time和If。具体含义如下:

定义6.4 And关系,假设 $\pi(C)=\{A,B\}$,And(A,B),则 $P(C=1|\text{else})=0$, $P(C=1|A=1,B=1)=1$ 。

定义6.5 Or关系,假设 $\pi(C)=\{A,B\}$,Or(A, B),当 $P(C=1|A=0,B=0)=0$, $P(C=1|\text{else})=1$ 。

定义6.6 NoisyAnd关系,假设 $\pi(C)=\{A,B\}$,表6-3可以表示出 A 和 B 对 C 的不同概率影响。

表 6-3　NoisyAnd 关系描述

A	B	C=False	C=True	A	B	C=False	C=True
False	False	1	0	True	False	1−0.8	0.8
False	True	1−0.6	0.6	True	True	1	0

定义 6.7　Time 关系，设 $\pi(RJ_{t+1}) = RJ$，$P(RJ_{t+1}) = P(RJ)P(RJ_{t+1} \mid RJ, t)$。

定义 6.8　If 关系。If 关系表达在符合某种条件的可能下，存在某种条件概率关系。

经过分析和常规认定，节点之间的概率关系表述如表 6-4 所示。

表 6-4　节点间关系定义

父节点	子节点	关系描述	条件概率关系
RD_1 RB_1	RC_1	And	$P(RC_1 = 1 \mid \prod_{RD_1, RB_1} RD_1 RB_1 = 1) = 1$ $P(RC_1 = 1 \mid \prod_{RD_1, RB_1} RD_1 RB_1 = 0) = 0$
RD_2 RC_1	RJ_1	NoisyAnd	$P(RJ_1 = 1 \mid RC_1 = 1, RD_2 = 1) = 1$ $P(RJ_1 = 1 \mid RC_1 = 0, RD_2 = 0) = 0$ $P(RJ_1 = 1 \mid RC_1 = 1, RD_2 = 0) = 1 - 0.55$ $P(RJ_1 = 1 \mid RC_1 = 0, RD_2 = 1) = 1 - 0.4$
RZ_3 RD_3 RZ_1	RC_2	And	$P(RC_2 = 1 \mid \prod_{RD_3, RZ_1, RZ_3} RD_3 RZ_1 RZ_3 = 1) = 1$ $P(RC_2 = 1 \mid \prod_{RD_3, RZ_1, RZ_3} RD_3 RZ_1 RZ_3 = 0) = 0$
RC_2 RD_4	RJ_2	And	$P(RJ_2 = 1 \mid \prod_{RD_4, RC_2} RD_4 RC_2 = 1) = 1$ $P(RJ_2 = 1 \mid \prod_{RD_4, RC_2} RD_4 RC_2 = 0) = 0$
RD_5 RD_6	RJ_3	And	$P(RJ_3 = 1 \mid RD_5 = 1, RD_6 = 1) = 1$ $P(RJ_3 = 1 \mid RD_5 = 0, RD_6 = 0) = 0$ $P(RJ_3 = 1 \mid RD_5 = 1, RD_6 = 0) = 0.6$ $P(RJ_3 = 1 \mid RD_5 = 0, RD_6 = 1) = 0.6$

（续表）

父节点	子节点	关系描述	条件概率关系
RZ_4 RZ_5	RJ_4	NoisyAnd	$P(RJ_4=1\mid RZ_4=1,RZ_5=1)=1$ $P(RJ_4=1\mid RZ_4=0,RZ_5=0)=0$ $P(RJ_4=1\mid RZ_4=1,RZ_5=0)=0.6$ $P(RJ_4=1\mid RZ_4=0,RZ_5=1)=0.7$

6.2.4 静态可靠性诊断推理

目标叶节点的概率计算公式为

$$
\begin{aligned}
P(RJ_1=1) &= \sum_{RD_2,RC_1} P(RJ_1=1\mid RD_2,RC_1)\sum_{RD_1,RB_1} P(RC_1\mid RD_1,RB_1)P(RD_1)\cdot \\
&\quad P(RD_2)P(RB_1) \\
P(RJ_2=1) &= \sum_{RD_4,RC_2} P(RJ_2=1\mid RD_4,RC_2)\sum_{RD_3,RZ_1,RZ_3} P(RC_2\mid RD_3,RZ_1,RZ_3)\cdot \\
&\quad P(RD_4)P(RD_3)P(RZ_3)P(RZ_1) \\
P(RJ_3=1) &= \sum_{RD_5,RD_6} P(RJ_3=1\mid RD_5,RD_6)P(RD_5)P(RD_6) \\
P(RJ_4=1) &= \sum_{RZ_4,RZ_5} P(RJ_4=1\mid RZ_4,RZ_5)P(RZ_4)P(RZ_5)
\end{aligned}
\tag{6-3}
$$

6.3 基于动态贝叶斯网的组织因组合可靠性

6.3.1 动态贝叶斯网参数学习

本书中 RJ_1，RJ_2，RJ_3 和 RJ_4 为溢油应急处置各阶段未考虑时间的组织因可靠性，但是，在其他因素不变的情况下，某一阶段消耗的时间越长，则组织因可靠性将会下降，故可表达为 $RJ_{1\,t+1}$，$RJ_{2\,t+1}$，$RJ_{3\,t+1}$ 和 $RJ_{4\,t+1}$。

动态贝叶斯网的其他节点定义同表 6-4。

6.3.2 动态贝叶斯网结构学习

根据前述的分析，结合图 6-3，可以构建一个结构简单的离散动态贝叶斯网对组织的可靠性进行评价，如图 6-4 所示。

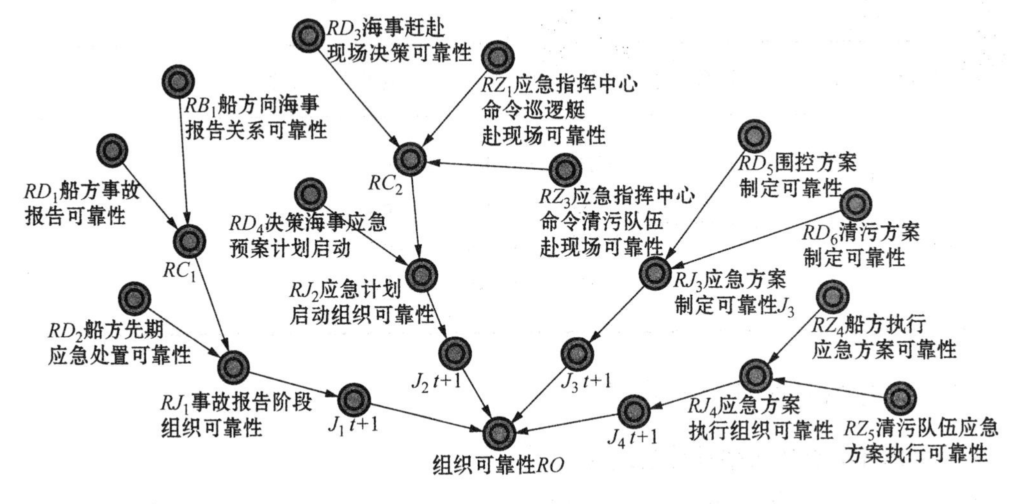

图 6-4 组合动态贝叶斯网结构

6.3.3 动态贝叶斯网条件概率的确定

经过分析和常规认定,节点之间的概率关系表述如表 6-5 所示。

表 6-5 节点间关系定义

父节点	子节点	关系描述	条件概率关系
RJ_1	$RJ_{1\,t+1}$	Time	$P(RJ_{1\,t+1}) = P(RJ_1)P(RJ_{1\,t+1} \mid RJ_1, t)$
RJ_2	$RJ_{2\,t+1}$	Time	$P(RJ_{2\,t+1}) = P(RJ_2)P(RJ_{2\,t+1} \mid RJ_2, t)$
RJ_3	$RJ_{3\,t+1}$	Time	$P(RJ_{3\,t+1}) = P(RJ_3)P(RJ_{3\,t+1} \mid RJ_3, t)$
RJ_4	$RJ_{4\,t+1}$	Time	$P(RJ_{4\,t+1}) = P(RJ_4)P(RJ_{4\,t+1} \mid RJ_4, t)$

6.3.4 动态可靠性诊断推理

对分阶段可靠性$\{RJ_1, RJ_2, RJ_3, RJ_4\}$有影响的因素还包括时间因素。随着时间的推移,分阶段组织因的可靠性下降。不失一般性,结合专家分析和实际情况,设t为每个阶段持续的时间,t'_1,t'_2,t'_3和t'_4分别为事故报告完成时间、应急计划启动完成时间、应急方案制定完成时间和应急方案执行时间,做出以下假定:

假定 1:在事故报告阶段,

若 $0<t\leqslant 30\text{min}$，设 $P(RJ_{1\,t+1}|RJ_{1})=1$；若 $30\text{min}<t\leqslant t'_{1}$，设 $P(RJ_{1\,t+1}|RJ_{1})=\alpha$；

假定 2：在应急计划启动阶段，

若 $0<t\leqslant 30\text{min}$，设 $P(RJ_{2\,t+1}|RJ_{2})=1$；若 $30\text{min}<t\leqslant t'_{2}$，设 $P(RJ_{2\,t+1}|RJ_{2})=\alpha$；

假定 3：在应急方案制定阶段，

若 $0<t\leqslant 60\text{min}$，设 $P(RJ_{3\,t+1}|RJ_{3})=1$；若 $60\text{min}<t\leqslant t'_{3}$，设 $P(RJ_{3\,t+1}|RJ_{3})=\alpha$；

假定 4：在应急方案执行阶段，

若 $0<t\leqslant 120\text{min}$，设 $P(RJ_{4\,t+1}|RJ_{4})=1$；若 $120\text{min}<t\leqslant t'_{4}$，设 $P(J_{4\,t+1}|J_{4})=\alpha$。

基于上述假定，得到动态可靠性如下：

事故报告阶段：$P(RO)=P(RJ_{1\,t+1})$；

应急计划启动阶段：$P(RO)=P(RJ_{2\,t+1})$；

应急方案制定阶段：$P(RO)=P(RJ_{3\,t+1})$；

应急方案执行阶段：$P(RO)=P(RJ_{4\,t+1})$。　　(6-4)

6.4　模型适应性分析

本章选用动态贝叶斯网对船舶溢油应急处置整体网络进行定量评估，主要基于以下两个方面的考虑：

(1) 由于应急流程呈现为分阶段特征，在不同的时间阶段由不同的子组织组成，子组织内决策行为和子组织间联系也不同。因此，无法采用静态贝叶斯网，而采用动态离散贝叶斯网就可以解决时间变化的问题。

(2) 子组织内决策行为和子组织间联系可靠性的计算方法已由前文第 4 章和第 5 章分别获得，属于离散数据，这里假设时间片的推移为离散变化，可靠性随时间片的推移的变化也将为离散变化。

6.5　基于组织视角的船舶溢油应急处置可靠性评估标准模板

总结前述内容，本书基于组织视角的船舶溢油应急处置的可靠性评估模板，具体如表 6-6 所示。

表 6-6　基于组织视角的船舶溢油应急处置的可靠性评估模板

组织内群体决策可靠性							
阶段	决策事件 D_i	方案 e_{im}	个体 n_j 选择方案 $g(n_j)$ 的概率	群体构成 N_q 及决策规则	方案通过票数 k	群体 N_q 选择方案 $f(N_q)$ 的概率	可靠性计算
船方事故报告阶段	溢油事故报告 D_1	e_{11}: 向海事部门报告	$P(g(n_j)=e_{11})=p_1$ $(j=1,2,3,4)$	群体构成：$N_1=\{n_1,n_2,n_3,n_4\}$；决策规则：同质委员会	4	$P_{(4)}(f(D_1 \mid N_1)=e_{11})=(p_1)^4$	$R_G(D_1)=P(f(D_1 \mid N_1)=e_{11})\cdot r(e_{11})$
					3	$P_{(3)}(f(D_1 \mid N_1)=e_{11})=P_{(4)}(f(D_1 \mid N_1)=e_{11})+4(p_1)^3(1-p_1)$	
					2	$P_{(2)}(f(D_1 \mid N_1)=e_{11})=P_{(3)}(f(D_1 \mid N_1)=e_{11})+6(p_1)^2(1-p_1)^2$	
					1	$P_{(1)}(f(D_1 \mid N_1)=e_{11})=P_{(2)}(f(D_1 \mid N_1)=e_{11})+4(p_1)(1-p_1)^3$	
		e_{11}：向海事部门报告	$P(g(n_1)=e_{11})=p_2$ $P(g(n_j)=e_{11})=p_3$ $(j=2,3)$	群体构成：$N_1=\{n_1,n_2,n_3,n_4\}$；决策规则：非同质委员会，且令 $\{n_2,n_3,n_4\}$ 拥有 1 票	3	n_1 拥有 1 票时，$P(f(D_1 \mid N_1)=e_{11})=(p_3)^3+p_2(1-p_3)(p_3)^2$	
					3	n_1 拥有 2 票时，$P(f(D_1 \mid N_1)=e_{11})=3p_2p_3(1-p_3)^2+3p_2(p_3)^2(1-p_3)+(p_3)^3$	
					3	n_1 拥有 3～5 票时，$P(f(D_1 \mid N_1)=e_{11})=p_2(p_3)^3+3p_2p_3(1-p_3)^2+3p_2(p_3)^2(1-p_3)+p_2(1-p_3)^3+(1-p_2)(p_3)^3$	
	溢油先期处置 D_2	e_{21}：不停止作业也不清除溢油；e_{22}：不停止作业但清除溢油；e_{23}：停止作业但不清除溢油；e_{24}：停止作业且清除溢油	$P(g(n_2)=e_{2m})=p_4^m$ $P(g(n_3)=e_{2m})=p_5^m$ $P(g(n_1)=e_{2m})=p_6^m$ $(m=1,2,3,4)$	群体构成：$N_2=\{n_1,n_2,n_3\}$；决策规则：层级模型	/	$P(f(D_2 \mid N_2)=e_{2m})=\frac{1}{3}(p_4^m+p_5^m-2p_4^mp_5^m)+p_6^m(1-p_4^m-p_5^m+p_4^mp_5^m)+p_4^mp_5^m$ 标准归一化后：$P(f(D_2 \mid N_2)=e_{2m})'=\frac{P(f(D_2 \mid N_2)=e_{2m})}{\sum_m f(D_2 \mid N_2)=e_{2m})}$	$R_G(D_2)=\sum_m P(f(D_2 \mid N_2)=e_{2m})'r(e_{2m})$

（续表）

阶段	决策事件 D_i	方案 e_{im}	组织内群体决策可靠性 个体 n_j 选择方案 $g(n_j)$ 的概率	群体构成 N_q 及决策规则	方案通过票数 k	群体 N_q 选择方案 $f(N_q)$ 的概率	可靠性计算
应急计划启动阶段	D_3	e_{31}：赶赴现场	$P(g(n_5)=e_{31})=p_7$ $P(g(n_6)=e_{31})=p_8$	群体构成：$N_3=\{n_5,n_6\}$，n_5,n_6 的权重分别为 α_1，α_2 决策规则：委员会	/	$P(f(D_3 \mid N_3)=e_{31})=\alpha_1 p_7+\alpha_2 p_8$，$\alpha_1+\alpha_2=1$	$R_G(D_3)=P(f(D_3 \mid N_3)=e_{31})r(e_{31})$
	D_4	e_{41}：不启动应急计划 e_{42}：启动本级应急计划 e_{43}：启动上一级应急计划	$P(g(n_7)=e_{4m})=p_9^m$ $P(g(n_8)=e_{4m})=p_{10}^m$ $(m=1,2,3)$	群体构成：$N_4=\{n_7,n_8\}$，n_7,n_8 的权重分别为 α_3，α_4 决策规则：委员会	/	$P(f(D_4 \mid N_4))=\alpha_3 p_9^m+\alpha_4 p_{10}^m$，$\alpha_3+\alpha_4=1$	$R_G(D_4)=\sum_m P(f(D_4 \mid N_4)=e_{4m})r(e_{4m})$
		e_{41}：不启动应急计划 e_{42}：启动本级应急计划 e_{43}：启动上一级应急计划	$P(g(n_9)=e_{4m})=p_{11}^m$ $P(g(n_{10})=e_{4m})=p_{12}^m$ $(m=1,2,3)$	群体构成：$N_5=\{n_7,n_8,n_9,n_{10}\}$ n_9,n_{10} 的权重分别为 α_5，α_6 决策规则：委员会	/	$P(f(D_4 \mid N_5))=[\alpha_3 p_9^m+\alpha_4 p_{10}^m][\alpha_5 p_{11}^m+\alpha p_{12}^m]$，$\alpha_3+\alpha_4=1$，$\alpha_5+\alpha_6=1$	$R_G(D_4)=\sum_m P(f(D_4 \mid N_5)=e_{4m})r(e_{4m})$
	D_5	e_{51}：使用围油栏 e_{52}：不使用围油栏	$P(g(n_{11})=e_{5m})=p_{13}^m$， $P(g(n_{12})=e_{5m})=p_{14}^m$， $P(g(n_7)=e_{5m})=p_{15}^m$	群体构成：$N_6=\{n_{11},n_{12}\}$ n_{11},n_{12} 的权重分别为 α_7，α_8 决策规则：混合模型	/	$P(f(D_5 \mid N_6)=e_{5m})=(\alpha_7 p_{13}^m+\alpha_8 p_{14}^m)p_{15}^m\alpha_7+\alpha_8=1$	$R_G(D_5)=\sum_m P(f(D_5 \mid N_6)=e_{5m})r(e_{5m})$

（续表）

组织内群体决策可靠性							
阶段	决策事件 D_i	方案 e_{im}	个体 n_j 选择方案 $g(n_j)$ 的概率	群体构成 N_q 及决策规则	方案通过票数 k	群体 N_q 选择方案 $f(N_q)$ 的概率	可靠性计算
应急方案实施阶段	D_5	e_{51}：使用围油栏 e_{52}：不使用围油栏	$P(g(n_7)=e_{5m})=p_{15}^m$ $P(g(n_8)=e_{5m})=p_{16}^m$ $P(g(n_{13})=e_{5m})=p_{17}^m$ $P(g(n_{14})=e_{5m})=p_{18}^m$ $P(g(n_{15})=e_{5m})=p_{19}^m$ $(m=1,2)$	群体构成：$N_7=\{n_7,n_8,n_{13},n_{14},n_{15}\}$ 决策规则：委员会	5	$P_{(5)}(f(D_5\mid N_7)=e_{5m})=p_{15}^m p_{16}^m p_{17}^m p_{18}^m p_{19}^m$	$R_G(D_5)=\sum_m P(f(D_5\mid N_7)=e_{5m})' r(e_{5m})$
					4	$P_{(4)}(f(D_5\mid N_7)=e_{5m})=p_{15}^m p_{16}^m p_{17}^m p_{18}^m p_{19}^m+\sum_r p_{15}^m p_{16}^m p_{17}^m p_{18}^m p_{19}^m(1-p_r^m)/p_r^m$	
					3	$P_{(3)}(f(D_5\mid N_7)=e_{5m})=p_{15}^m p_{16}^m p_{17}^m p_{18}^m p_{19}^m+\sum_r p_{15}^m p_{16}^m p_{17}^m p_{18}^m p_{19}^m(1-p_r^m)/p_r^m+\sum_{r,s} p_{15}^m p_{16}^m p_{17}^m p_{18}^m p_{19}^m(1-p_r^m)(1-p_s^m)/p_r^m p_s^m$	
					2	$P_{(2)}(f(D_5\mid N_7)=e_{5m})=p_{15}^m p_{16}^m p_{17}^m p_{18}^m p_{19}^m+\sum_r p_{15}^m p_{16}^m p_{17}^m p_{18}^m p_{19}^m(1-p_r^m)/p_r^m+\sum_{r,s} p_{15}^m p_{16}^m p_{17}^m p_{18}^m p_{19}^m(1-p_r^m)(1-p_s^m)/p_r^m p_s^m+\sum_{r,s,e} p_{15}^m p_{16}^m p_{17}^m p_{18}^m p_{19}^m(1-p_r^m)(1-p_s^m)(1-p_l^m)/p_r^m p_s^m p_l^m$	
					1	$P_{(1)}(f(D_5\mid N_7)=e_{5m})=P_{(2)}(f(D_5\mid N_7)=e_{5m})+\sum_r p_r^m(1-p_{15}^m)(1-p_{16}^m)(1-p_{17}^m)(1-p_{18}^m)(1-p_{19}^m)/(1-p_r^m)$	
						标准归一化后： $P_{(k)}(f(D_5\mid N_7)=e_{5m})'=\dfrac{P_{(k)}(f(D_5\mid N_7)=e_{5m})}{\sum_m(f(D_5\mid N_7)=e_{5m}}$ $(r,s,l=15,16,17,18,19,r\neq s\neq l)$	

（续表）

组织间可靠性联系									
阶段	关键联系	指标	指标体现 Q_i	指标权重 w^i	关键影响因素 E 集	节点关系表达	概率选择偏好 $P(Q_i=t\mid E)$	可靠度 s_t^i	联系可靠度 $R_L(B_1)$
船方事故报告阶段	船方向海事部门发出事故报告联系 B_1	连通	Q_1	w^1	$E=\{F_8, F_7, F_{10}, F_9\}$	表 5-8	$P(Q_1=1\mid E)=P(E\mid Q_1=1)P(Q_1=1)/P(E)$	s_1^1	$R_L(B_1)=\sum_i(\sum_i P(Q_i=t\mid E)s_t^i)w^i$
							$P(Q_1=2\mid E)=P(E\mid Q_1=2)P(Q_1=2)/P(E)$	s_2^1	
							$P(Q_1=\text{else})=0$	0	
		效率	Q_2	w^2	$E=\{F_7, F_8, F_9\}$	表 5-10	$P(Q_2=1\mid E)=P(E\mid Q_2=1)P(Q_2=1)/P(E)$	s_1^2	
							$P(Q_2=2\mid E)=P(E\mid Q_2=2)P(Q_2=2)/P(E)$	s_2^2	
							$P(Q_2=\text{else})=0$	0	
		效果	Q_3	w^3	$E=\{F_7, F_2, F_8, F_4\}$	表 5-12	$P(Q_3=1\mid E)=P(E\mid Q_3=1)P(Q_3=1)/P(E)$	s_1^3	
							$P(Q_3=2\mid E)=P(E\mid Q_3=2)P(Q_3=2)/P(E)$	s_2^3	
							$P(Q_3=\text{else})=0$	0	
			Q_4	w^4	$E=\{F_8, F_7, F_9\}$	表 5-14	$P(Q_4=1\mid E)=P(E\mid Q_4=1)P(Q_4=1)/P(E)$	s_1^4	
							$P(Q_4=2\mid E)=P(E\mid Q_4=2)P(Q_4=2)/P(E)$	s_2^4	
							$P(Q_4=\text{else})=0$	0	

else：Q_i 的其他取值。

（续表）

组织间可靠性联系						
阶段	关键联系	失效因素选择	条件概率关系	失效概率	可靠度 失效 / 有效	联系可靠度 $R_L(Z)$
应急计划启动阶段	应急指挥中心对巡逻艇的调用关系 Z_1	$\{A_1,A_2,A_3,A_4,A_5\}$	$P(A_{16}=1 \mid \prod_{A_1,A_2}(1-A_1)(1-A_2)=1)=0$， $P(A_{16}=1 \mid \prod_{A_1,A_2}(1-A_1)(1-A_2)=0)=1$， $P(A_{17}=1 \mid \prod_{A_3,A_4}(1-A_3)(1-A_4)=1)=0$， $P(A_{17}=1 \mid \prod_{A_3,A_4}(1-A_3)(1-A_4)=1)=1$， $P(Z_1=1 \mid A_{16}=0,A_{17}=0,A_{18}=0)=0$， $P(Z_1=1 \mid \prod_{A_{16},A_{17},A_{18}}(1-A_{16})(1-A_{17})(1-A_{18})=0)=1$， $P(A_{18}=0 \mid A_5=0)=1$。	$P(Z_1=0)=\sum_{A_{16},A_{17},A_{18}} P(Z_1=0 \mid A_{16},A_{17},A_{18}) \cdot \sum_{A_1,A_2} P(A_{16} \mid A_1,A_2)P(A_1)P(A_2) \cdot P(A_3)P(A_4)\sum_{A_5} P(A_{18} \mid A_5) \cdot P(A_5)$	0/1	$R_L(Z_1)=1-P(Z_1=0)$
	应急指挥中心对清污队伍的调用关系 Z_3	$\{A_6,A_7,A_8,A_9,A_{10}\}$	$P(A_{20}=1 \mid A_7=0,A_8=0,A_9=0)=0$， $P(A_{20}=1 \mid \prod_{A_7,A_8,A_9}(1-A_7)(1-A_8)(1-A_9)=0)=1$， $P(A_{19}=0 \mid A_6=0)=1, P(A_{21}=0 \mid A_{10}=0)=1$， $P(Z_3=1 \mid A_{19}=0,A_{20}=0,A_{21}=0)=0$， $P(Z_3=1 \mid \prod_{A_{19},A_{20},A_{21}}(1-A_{19})(1-A_{20})(1-A_{21})=0)=1$	$P(Z_3=0)=\sum_{A_{19},A_{20},A_{21}} P(Z_3=0 \mid A_{19},A_{20},A_{21}) \cdot \sum_{A_7,A_8,A_9} P(A_{20} \mid A_7,A_8,A_9)P(A_7) \cdot P(A_8)P(A_9)\sum_{A_6} P(A_{19} \mid A_6) \cdot P(A_6)\sum_{A_{10}} P(A_{21} \mid A_{10}) \cdot P(A_{10})$	0/1	$R_L(Z_3)=1-P(Z_3=0)$

（续表）

组织间联系可靠性									
阶段	关键联系	指标	指标体现 Q_i	指标权重 w^i	关键影响因素 E 集	节点关系表达	概率选择偏好 $P(Q_i=t\|E)$	可靠度 s_t^i	联系可靠度 $R_L(Z_4)$
应急方案实施阶段	海事部门对船方指挥控制联系 Z_4	连通	Q_5	w^5	$E=\{F_7,F_{10},F_8,F_9\}$	表 5-18	$P(Q_5=1\|E)=P(E\|Q_5=1)P(Q_5=1)/P(E)$	s_1^5	$R_L(Z_4)=\sum_i(\sum_i P(Q_i=t\|E)s_t^i)w^i$
							$P(Q_5=2\|E)=P(E\|Q_5=2)P(Q_5=2)/P(E)$	s_2^5	
							$P(Q_5=\text{else})=0$	0	
		效率	Q_6	w^6	$E=\{F_{10},F_7,F_9\}$	表 5-20	$P(Q_6=1\|E)=P(E\|Q_6=1)P(Q_6=1)/P(E)$	s_1^6	
							$P(Q_6=2\|E)=P(E\|Q_6=2)P(Q_6=2)/P(E)$	s_2^6	
							$P(Q_6=\text{else})=0$	0	
		效果	Q_7	w^7	$E=\{F_7,F_9,F_8\}$	表 5-22	$P(Q_7=1\|E)=P(E\|Q_7=1)P(Q_7=1)/P(E)$	s_1^7	
							$P(Q_7=2\|E)=P(E\|Q_7=2)P(Q_7=2)/P(E)$	s_2^7	
							$P(Q_7=\text{else})=0$	0	
			Q_8	w^8	$E=\{F_7,F_{17},F_9,F_8,F_{16},F_{10}\}$	表 5-24	$P(Q_8=1\|E)=P(E\|Q_8=1)P(Q_8=1)/P(E)$	s_1^8	
							$P(Q_8=2\|E)=P(E\|Q_8=2)P(Q_8=2)/P(E)$	s_2^8	
							$P(Q_8=3\|E)=P(E\|Q_8=3)P(Q_8=3)/P(E)$	s_2^8	
							$P(Q_8=\text{else})=0$	0	

（续表）

组织间可靠性联系						
阶段	关键联系	失效因素选择	条件概率关系	失效概率	可靠度 失效/有效	联系可靠度 $R_L(Z)$
应急方案实施阶段	现场指挥队清污队伍指挥控制关系 Z_5	$\{A_{11}, A_{12}, A_{13}, A_{14}, A_{15}\}$	$P(A_{22}=1\mid A_{11}=0,A_{12}=0)=0$, $P(A_{22}=1\mid A_{11}=1,A_{12}=0)=1$, $P(A_{22}=1\mid A_{11}=0,A_{12}=1)=1$, $P(A_{22}=1\mid A_{11}=1,A_{12}=1)=1$, $P(A_{24}=1\mid A_{14}=0,A_{15}=0)=0$ $P(A_{24}=1\mid A_{14}=1,A_{15}=0)=1$, $P(A_{24}=1\mid A_{14}=0,A_{15}=1)=1$, $P(A_{24}=1\mid A_{14}=1,A_{15}=1)=1$, $P(A_{23}=0\mid A_{13}=0)=1$, $P(Z_5=1\mid A_{22}=0,A_{23}=0,A_{24}=0)=0$, $p(Z_5=1\mid \prod_{A_{22},A_{23},A_{24}}(1-A_{22})(1-A_{23})(1-A_{24})=0)=1$。	$P(Z_5=0)=\sum_{A_{22},A_{23},A_{24}}P(Z_5=0\mid A_{22},A_{23},A_{24})\sum_{A_{11},A_{12}}P(A_{22}\mid A_{11},A_{12})P(A_{11})P(A_{12})\sum_{A_{14},A_{15}}P(A_{24}\mid A_{14},A_{15})P(A_{14})P(A_{15})\cdot\sum_{A_{13}}P(A_{23}\mid A_{13})P(A_{13})$	0/1	$R_L(Z_5)=1-P(Z_5=0)$

（续表）

组织可靠性					
根节点	各种阶段静态可靠性	各个阶段动态瞬时可靠度 $A = R_t(O)$	动态可靠性	可靠度范围	可靠情况
$R_G(D_1)$ $R_G(D_2)$ $R_G(D_3)$ $R_G(D_4)$ $R_G(D_5)$ $R_G(D_6)$ $R_L(B_1)$ $R_L(Z_1)$ $R_L(Z_3)$ $R_L(Z_4)$ $R_L(Z_5)$	$P(RJ_1 = 1) = \sum_{RD_2,RC_1} P(RJ_1 = 1 \mid RD_2, RC_1) \cdot \sum_{RD_1,RB_1} P(RC_1 \mid RD_1, RB_1) P(RD_1) P(RD_2) P(RB_1)$	$(0 \leqslant t \leqslant 30\text{min})$ $P(RJ_{1\,t+1} \mid RJ_1) = 1$ （$30\text{min} \leqslant t \leqslant$ 事故报告完成时间） $P(RJ_{1\,t+1} \mid RJ_1) = \alpha$		(0.8,1]	好
	$P(RJ_2 = 1) = \sum_{RD_4,RC_2} P(RJ_2 = 1 \mid RD_4, RC_2) \cdot \sum_{RD_3,RZ_1,RZ_3} P(RC_2 \mid RD_3, PZ_1, RZ_3) P(RD_4) P(RD_3) P(RZ_3)$	$(0 \leqslant t \leqslant 30\text{min})$ $P(RJ_{2\,t+1} \mid RJ_2) = 1$ （$30\text{min} \leqslant t \leqslant$ 应急计划启动完成时间 $P(RJ_{2\,t+1} \mid RJ_2) = \alpha$		(0.6,0.8]	较好
			稳态可靠度： $\lim_{t \to \infty} A(t) = \lim_{t \to \infty} R_t(O)$ 平均可靠度： $\bar{A} = \sum A(t)/t = \sum R_t(O)/t$	(0.4,0.6]	一般
	$P(RJ_3 = 1) = \sum_{RD_5,RD_6} P(RJ_3 = 1 \mid RD_5, RD_6) P(RD_5) P(RD_6)$	$(0 \leqslant t \leqslant 60\text{min})$ $P(RJ_{3\,t+1} \mid RJ_3) = 1$ （$60\text{min} \leqslant t \leqslant$ 应急方案制定完成时间 $P(RJ_{3\,t+1} \mid RJ_3) = \alpha$		(0.2,0.4)	较差
	$P(RJ_4 = 1) = \sum_{RZ_4,RZ_5} P(RJ_4 = 1 \mid RZ_4, RZ_5) P(RZ_4) P(RZ_5)$	$(0 \leqslant t \leqslant 120\text{min})$ $P(RJ_{4\,t+1} \mid RJ_4) = 1$ （$120\text{min} \leqslant t \leqslant$ 应急方案实施完成时间） $P(RJ_{4\,t+1} \mid J_4) = \alpha$		[0,0.2]	差

第7章　船舶溢油应急处置的组织构成分析和优化

7.1　理论基础

7.1.1　问题界定

船舶溢油事故具有突发性高，危害性大的特点，早期的船舶溢油事故污染研究中，对纯技术上的研究远远优先于战略规划及行政组织管理等方面的研究。按照国际海事组织 OPRC1990 的要求，我国于 2000 年 4 月发布了《中国海上船舶溢油应急计划》。其中规定了应急组织的构成和相应职责，但是对于组织部门间的信息交换和职能分布并没有给出具体规定。海事溢油应急组织具有涉及面广、动态性强、运营时间紧张的特点。目前对于系统的可靠性研究多见于有形的产品工业系统中，对于无形组织的可靠性的研究相对较少。本章主要对组织中两个问题进行研究：当决策部分下达命令后，执行部分是应该同时执行命令还是按时间连续执行命令？在此分析基础上，进一步分析涉及个体、资源、任务因素时，对组织行动即完成溢油清除回收的时间和情况的影响。

1）船舶溢油应急组织稳态可用度

（1）可靠度：

可靠度是"产品在规定条件下和规定时间内完成规定功能的概率"。显然，规定的时间越短，产品完成规定的功能的可能性越大；规定的时间越长，产品完成规定功能的可能性就越小。可见可靠度是时间 t 的函数，故也称为可靠度函数，记作 $R(t)$。通常表示为：

$$R(t) = P(T > t)$$

式中：t 为规定的时间；T 表示产品寿命。根据可靠度的定义可知，$R(t)$ 描述了产品在$(0,t)$ 时间段内完好的概率，且及 $R(0) = 1, R(+\infty) = 0$。

（2）有效度：

有效度（可用度）是指可维修的产品在规定的条件下使用时，在某时刻具有或维持其功能的概率。对于可维修的产品，当发生故障时，只要在允许的时间内修复后又能正常工作，则其有效度与单一可靠度相比，是增加了正常工作的概率。对于不可维修的产品，有效度就仅决定于且等于可靠度了。对于一个只有正常和故障两种可能状态的可修产品，我们可以用一个二值函数来描述它，对 $t \geqslant 0$，令

$$X(t)=\begin{cases}1,\text{若时刻 } t \text{ 产品正常}\\0,\text{若时刻 } t \text{ 产品故障}\end{cases}$$

瞬时有效度(Instantaneous Availability)：瞬时有效度指在某一特定瞬时，可能维修的产品保持正常工作使用状态或功能的概率，又称瞬时利用率，记为 $A(t)$。它反映在 t 时刻产品的有效度，而与 t 时刻以前是否失效无关。瞬时有效度常用于理论分析，而不便于在工程实践中应用。产品在时刻 t 的瞬时可用度可定义为 $A(t)=P\{X(t)=1\}$。

稳态有效度(Steady Availability)：稳态有效度或称为时间有效度(Time Availability)，记为 $A(\infty)$ 或 A。它是时间 t 趋于 ∞ 时瞬时有效度 $A(t)$ 的极限。若极限 $A=\lim\limits_{t\to\infty}A(t)$ 存在，则称其为稳态可用度。稳态可用度，表示系统经长期运行，处于正常状态的时间比例。

(3) 船舶溢油应急组织稳态可用度：

为了简化问题，这里将组织可分为决策组织和执行组织。决策组织：根据资源、溢油情况等做出船舶溢油应急处置方案决策的组织，一般为溢油应急指挥中心或现场指挥部。执行组织：执行溢油应急处置方案的组织，一般为清污队。本章考虑当决策组织制定出船舶溢油应急处置方案后，执行组织对其执行的可靠度。

船舶溢油应急组织具有类似于产品的如下特点：首先其可被界定为正常和故障两种状态，所谓组织正常是指在船舶溢油应急处理过程中，执行组织在规定时间内正确执行方案的概率，或决策组织在执行组织发生故障后，对溢油应急处置方案进行有效的调整；组织故障是指执行组织在规定时间内未能正确执行方案的概率，或决策组织在执行组织发生故障后，对溢油应急处置方案调整失败；其次组织的故障可以被修理和修复，所谓修理指当执行组织无法执行方案时，决策组织重新调整应急救援方案。经过允许的时间调整，执行组织可以执行正确的应急方案，其修复后的正确执行方案的概率与起始状态无关，具有时齐马尔可夫链的性质。

因此，本章所研究的船舶溢油应急系统组织稳态可用度在产品可靠度基础上，进行了适当的拓展，采用稳态可用度对组织的可靠性进行衡量。对于一个只有正常和故障两种可能状态的可修组织，我们可以用一个二值函数来描述它，对 $t \geqslant 0$，令

$$X(t)=\begin{cases}1,\text{若时刻 } t \text{ 组织正常}\\0,\text{若时刻 } t \text{ 组织故障}\end{cases}$$

令组织在时刻 t 的瞬时可用度定义为 $A(t)=P\{X(t)=1\}$，若极限 $A=$

$\lim\limits_{t\to\infty}A(t)$ 存在，则称其为稳态可用度。

2）串联型结构和并联型结构

串联型结构：决策组织立即对某故障执行组织执行的应急方案进行调整和重新决策，此时其余执行组织暂停工作，当该执行组织的故障清除，所有部件再立即进入工作状态，此时系统进入工作状态；

并联型结构：当某执行组织发生故障时，决策组织对其进行修理，其他执行组织正常工作；当存在 2 个以上的执行组织发生故障时，决策组织对一个故障的执行组织进行修理时，其他故障的执行组织必须等待修理，当正在修理的执行组织修复后，决策组织立即转去修理其他的故障执行组织。

3）影响因素和行动效果

海事船舶溢油应急行动效果的影响因素较多，包括：人因可靠性、行动方案的可靠性、资源情况、外部环境因素都会对最后的行动结果产生影响。在海事溢油应急反应中，组织行动可以分为以下几种情况：船方单独行动、船方-应急指挥部联合行动。

7.1.2 分析方法

7.1.2.1 系统可靠性基本原理[172]

本章拟利用概率模型，从组织系统的结构及故障率分布等信息出发，来讨论串联和并联方式下组织系统的可靠性。

1）串联模型

系统中只要有一个单元故障，系统就发生故障，这样的系统成为串联系统，串联系统的可靠度为 $R(t)=\prod\limits_{i=1}^{n}R_i(t)$，串联系统中单元数目越多，系统可靠度越低，并且系统的可靠度小于每个单元的可靠度。串联系统的可靠性框图如图 7-1 所示。

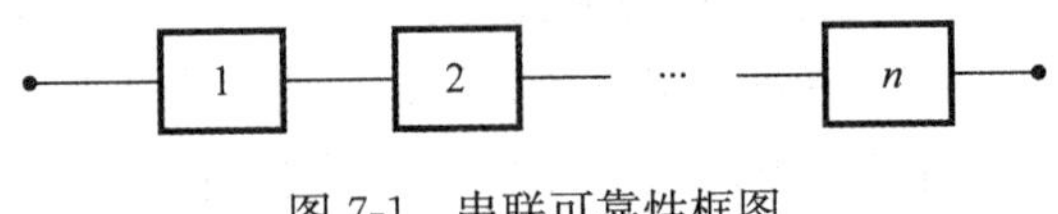

图 7-1 串联可靠性框图

2）并联模型

系统中所有单元都故障时，系统才有故障，这样的系统称为并联系统，系统的可靠度为 $R(t)=1-\prod\limits_{i=1}^{n}[1-R_i(t)]$，并联系统的可靠度大于每个单元的可靠度，其可靠性框图如图 7-2 所示。

3）旁联模型

系统的 n 个单元只有一个单元工作，当工作单元故障时，通过故障监测和转换装置接到另一个正常待用单元继续工作，直到所有单元都故障时系统才有故障，这样的系统称为旁联系统（见图 7-3）。

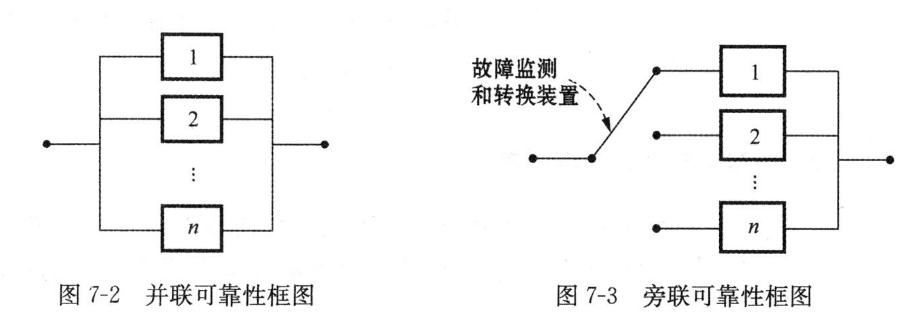

图 7-2　并联可靠性框图　　图 7-3　旁联可靠性框图

设故障监测和转换装置的可靠度为 R_D，考虑两个单元组成的旁联系统，存在以下两种情况：

（1）单元 1 正常工作到给定时刻 t，该事件用“A_1”表示。

（2）单元 1 在 t_1 时刻（$0 \leqslant t_1 < t$）故障（该事件为“A_1'”），通过故障监测和转换装置（正常事件为 D，可靠度为 R_D），使单元 2 继续工作到时刻 t（该事件用“A_2”表示）。系统工作到给定时刻 t 事件用“A”表示，则：$A = A_1 + A'_1DA_2$，则系统可靠度 $R(t)$ 为 $R(t) = P(A_1) + P(A_1DA_2)$。

4）共因故障

共因故障是由于某种共同原因而造成的故障，这种共同原因，有可能是设计原因，有可能是生产原因，也有可能是环境原因。

造成故障的原因分为两种，一种是由于各自独立原因引起的故障，一种是由于共同原因引起的故障。设独立原因故障不发生事件为 S_1，共同原因故障不发生事件为 S_2，则单元不发生故障事件为 $S = S_1S_2$，单元可靠度 R 为 $R = P(S) = P(S_1)P(S_2) = R_1R_2$。

5）相关故障

系统中一个单元的故障，会使其他剩下的正常单元工作条件劣化，而导致剩下单元故障率上升，称为相关故障。

设产品寿命服从指数分布，两个单元一起工作时故障率为 λ_1，其中任意一个单元故障，由于剩下的单元全部承担负荷，工作条件劣化，故障率变为 λ_2（$\lambda_2 > \lambda_1$）。

（1）两个单元都正常工作到 t 时刻，每个单元的故障率均为 λ_1，每个单元的可

靠度均为 $\exp(-\lambda_1 t)$ ，则两个单元都正常工作到 t 时刻的可靠度 $R_1(t)$ 为

$$R_1(t)=\exp(-\lambda_1 t)\exp(-\lambda_1 t)=\exp(-2\lambda_1 t)$$

(2) 一个单元在任意时间区间 $[t_1, t_1+\mathrm{d}t_1]$ 故障($0\leqslant t_1<t$)，故障的概率为 $\lambda_1\exp(-\lambda_1 t_1)\mathrm{d}t_1$ ，另一个继续工作单元在时间区间 $[0,t_1]$ 内的故障率为 λ_1 ，折合到故障率 λ_2 的概率分布上，相当于在时间 $[0,t'_1]$ 内以 λ_2 工作，其中 $t'_1=(\lambda_1/\lambda_2)t_1$ ，在时间区间 $[0,t]$ 内，一个单元故障，另一个单元正常工作的可靠度为

$$R_2(t)=2\int_0^t \exp[-\lambda_2(t-t_1+t'_1)]\cdot\lambda_1\exp(-\lambda_1 t_1)\cdot\mathrm{d}t_1$$

7.1.2.2 组织可靠性的影响因素

Carley[181]提出了组织的最小元素可分为个体、资源、任务以及三个元素之间的链接关系，因此我们搭建以下的关系网来描述海事溢油应急反应组织的构成。如图 7-4 所示。

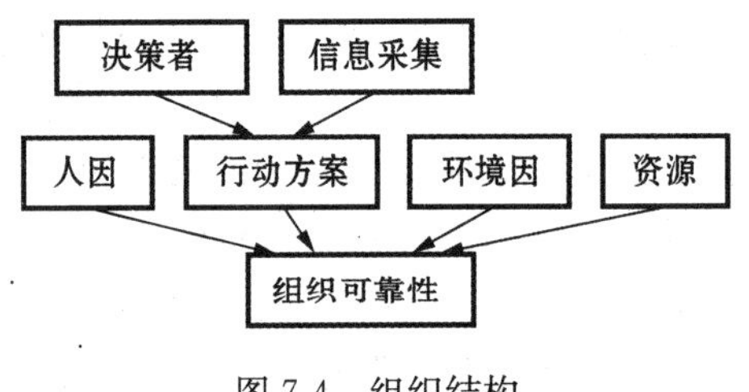

图 7-4 组织结构

7.1.2.3 贝叶斯网

对不同因素之间的影响关系进行计算，方法有主成分分析法、神经网络法等，这些方法描述一种状态序列，其每个状态值取决于前面有限个状态，其对很多实际问题来讲是一种很粗略的简化。在现实生活中，很多事物相互的关系并不能用一条链串起来。它们之间的关系可能是交叉的、错综复杂的。比如，在海事事故应急救援中，应急指挥部决策者个人的特征将会影响船长，而决策者和船长的个体特征会共同影响决策方案，可见，各种因素之间的影响关系形成网络，贝叶斯网模型可以构建不同组织信息交互的不同方式，来讨论不同因素组合方式下对可靠性变化。

贝叶斯网络[170](Bayesian Networks)(Judea Pearl，1986)，是当今人工智能领域不确定知识表达和推理技术的主流方法，贝叶斯网是一个有向无圈图，其中节点代表随机变量，节点间的边代表变量之间的直接依赖关系，每个节点都附有一个概率分布，根节点 X 所附的是它的边缘分布 $P(X)$，而非根节点 X 所附的是条件概率分布 $P(X|\pi(X))$ 。在定性层面，它用一个有向无圈图描述了变量之间的依赖和

独立关系，在定量层面，它则用条件概率分布刻画了变量对其父节点的依赖关系；在语义上，贝叶斯网是联合概率分布分解的一种表示，更具体地，假设网络中的变量为 $X_1, X_2, \cdots, X_n$，那么把各变量所附的概率分布相乘就得到联合分布，即 $P(X_1, X_2, \cdots, X_i) = \prod_{i=1}^{n} P(X_i \mid \pi(X_i))$，其中当 $\pi(X_i) = \varnothing$ 时，$P(X_i \mid \pi(X_i)$ 即是边缘分布 $P(X_i)$。

7.2　船舶溢油应急系统串并联结构分析[189]

7.2.1　船舶溢油应急系统串联组织稳态可用度

7.2.1.1　串联组织建模

在溢油应急处理中，当在某一区域发生溢油事故时，目前的溢油应急预案并没有指出到底由哪些相关行政组织参与。一般情况下，每个区域根据在自己区域的应急反应的重大动作作出决定，如重大溢油事故发生后，根据情况决定是否请求邻近辖区或海区的救援。如托雷·卡尼翁号溢油事故，在事故发生后，西班牙政府对溢油事故进行处理，在西班牙政府处理效果不明显后，英国政府和法国政府加入处理。

不失一般性，假设执行组织为串联关系，系统由 n 个执行组织串联而成（见图 7-5），在规定时间 t 内，第 i 个执行组织正常工作的分布 X_i 为 $1 - e^{-\lambda_i t}, t \geqslant 0$，当第 i 个执行组织发生故障时，故障后的决策组织决策的分布 Y_i 的分布为 $1 - e^{-u_i t}, t \geqslant 0$，其中 $\lambda_i, \mu_u > 0, i = 1, 2, \cdots, n$。

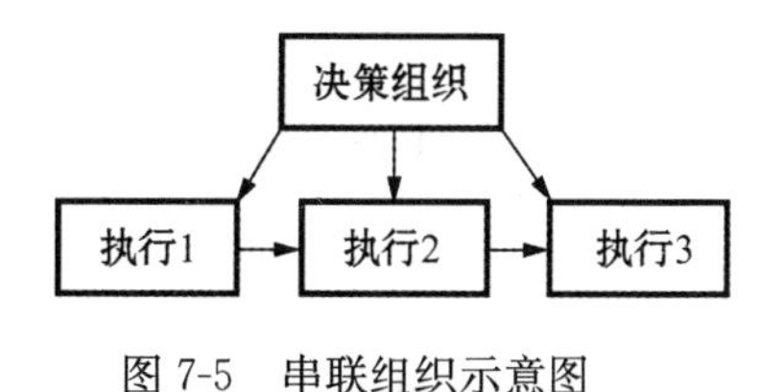

图 7-5　串联组织示意图

7.2.1.2　串联组织稳态计算[172]

若 n 个执行组织都正常工作，则系统处于工作状态（见图 7-6），假设当某个执行组织发生故障，则系统处于故障状态，此时决策组织立即对故障执行组织的执行方案进行调整和重新决策，其余执行组织停止工作，当执行组织的故障清除，所有部件立即进入工作状态，此时系统进入工作状态，进一步假定，所有随机变量是相互独立的，故障组织修复后其正常工作分布像新的一样。

为区别系统的不同情形，我们定义：

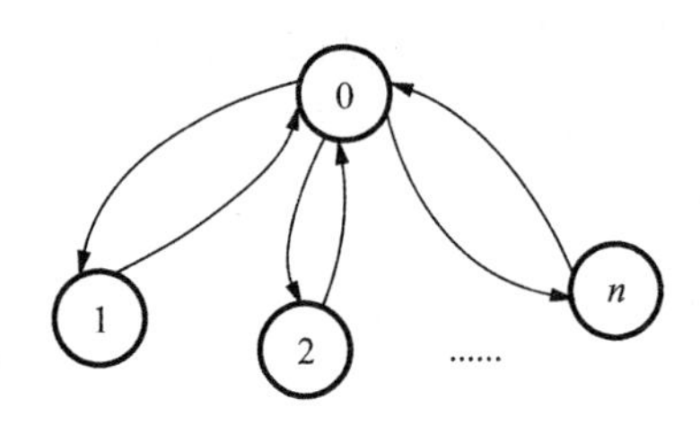

图 7-6 串联组织抽象示意图

状态 0：n 个执行组织都正常；

状态 i ：第 i 个执行组织故障，其余部件都正常，$i=1,2,\cdots,n$

令 $X(T)$ 表示时刻 t 系统所处的状态，则令

$$X(t)=\begin{cases}0,\text{若时刻 } t, n \text{ 个执行组织正常}\\ i,\text{若时刻 } t,\text{第 } i \text{ 个执行组织故障，}\\ \text{其余执行组织正常}\end{cases}$$

可以证明，$\{X(t),t>0\}$ 是状态空间为 E 的时齐马尔可夫过程。

Δt 时间内不同状态之间的转移概率如下：

$$\begin{cases}P_{0i}(\Delta t)=\lambda_i\Delta t+o(\Delta t)\\ P_{i0}(\Delta t)=u_i\Delta t+o(\Delta t)i=1,2,\cdots,n\\ P_{jk}(\Delta t)=o(\Delta t)\qquad j,k\neq 0,j\neq k\end{cases}$$

由上式可得：

$$\begin{cases}P_{00}(\Delta t)=1-\sum_{i=1}^{n}\lambda_i\Delta t+o(\Delta t)\\ P_{jj}(\Delta t)=1-\mu_j\Delta t+o(\Delta t),\\ j=1,2,\cdots,n\end{cases}$$

进而可得转移概率矩阵为

$$\mathbf{A}=\begin{pmatrix}-\Lambda & \lambda_1 & \lambda_2 & \cdots & \lambda_n\\ \mu_1 & -\mu_1 & 0 & \cdots & 0\\ \mu_2 & 0 & -\mu_2 & \cdots & 0\\ \vdots & \vdots & \vdots & & \vdots\\ \mu_n & 0 & 0 & \cdots & -\mu_n\end{pmatrix},\text{其中 }\Lambda=\sum_{i=1}^{n}\lambda_i$$

解下列线性方程组，可求得系统可靠性的稳态指标。

$$\begin{cases}(\pi_o,\pi_1,\cdots,\pi_n)\mathbf{A}=(0,0,\cdots,0)\\ \pi_0+\pi_1+\cdots+\pi_n=1\end{cases}$$

得到：

$$\begin{cases}\pi_0=\left(1+\sum_{i=1}^{n}\dfrac{\lambda_i}{\mu_i}\right)^{-1}\\ \pi_i=\dfrac{\lambda_i}{\mu_i}\pi_0,\quad i=1,2,\cdots,n\end{cases}$$

系统的稳态可用度为

$$A=\pi_0=\left(1+\sum_{i=1}^{n}\frac{\lambda_i}{\mu_i}\right)^{-1}\tag{7-1}$$

7.2.2 并联系统稳态可用度

7.2.2.1 并联组织建模

不失一般性，设系统由 n 个执行组织和一个决策组织组成（见图7-7），每个执行组织正常工作的时间分布均为 $1-e^{-\lambda t}, t\geqslant 0$，故障后的决策组织在此故障上进行决策的时间分布均为 $1-e^{-\mu t}, t\geqslant 0$。

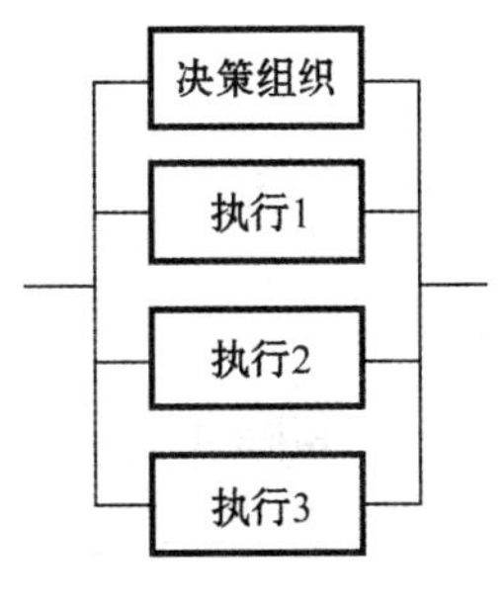

图7-7 并联组织示意图

假设所有随机变量是相互独立的，修复后执行组织正常工作的时间分布与新部件一样，由于只有一个决策组织，它每次只能对一个故障执行组织进行决策调整，当决策组织正在修理一个故障的执行组织时，其他故障的执行组织必须等待修理，当正在修的执行组织修复后，决策组织立即转去修理其他的故障执行组织。

7.2.2.2 并联组织稳态计算[172]

此系统共有 $n+1$ 个不同状态，令 $X(t)=j$，若时刻 j 系统中有 j 个故障的执行组织（包括正在修理的执行组织），$j=0,1,\cdots,n$。

根据并联系统的定义，状态 n 是系统的故障状态，其余状态都是系统的工作状态（见图7-8），因此，可以证明 $\{X(t), t\geqslant 0\}$ 是状态空间为 E 的时齐马尔可夫过程。

可得 Δt 时间内不同状态之间的转移概率：

$$\begin{cases} P_{j,j+1}(\Delta t)=(n-j)\lambda\Delta t+o(\Delta t) \\ j=0,1,\cdots,n-1 \\ P_{j,j-1}(\Delta t)=\mu\Delta t+o(\Delta t) \\ j=1,2,\cdots,n \\ P_{jk}(\Delta t)=o(\Delta t) \quad j\neq k \end{cases}$$

可得：

$P_{jj}(\Delta t)=1-[(n-j)\lambda+\mu]\Delta t+o(\Delta t), j=0,1,\cdots,n$ 在 Δt 时间内系统的状态转移图如图7-8所示：

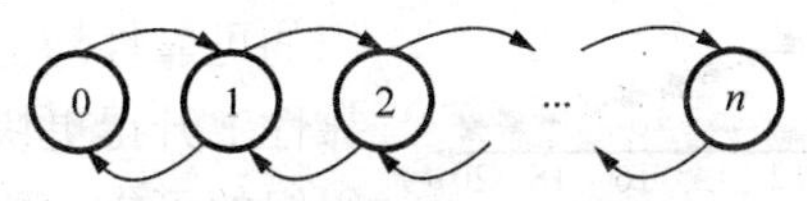

图7-8 并联组织抽象示意图

进而可以得到转移矩阵如下：

$$\boldsymbol{A}=\begin{pmatrix} -n\lambda & n\lambda & \cdots & 0 & 0 \\ \mu & -(n-1)\lambda-\mu & (n-1)\lambda & & 0 \\ \vdots & \vdots & \vdots & \vdots & \vdots \\ 0 & \vdots & \mu & -\lambda-\mu & \lambda \\ 0 & 0 & \cdots & \mu & -\mu \end{pmatrix}$$

解线性方程组：

$$\begin{cases} (\pi_0,\pi_1,\cdots,\pi_n)\boldsymbol{A}=(0,0,\cdots,0) \\ \pi_0+\pi_1+\cdots+\pi_n=1 \end{cases}$$

由于矩阵 $\boldsymbol{A}$ 是一个三对角线矩阵，此时 $\{X(t),t\geqslant 0\}$ 是一个生灭过程，可得：

$$\pi_j=\frac{1}{(n-j)!}\left(\frac{\lambda}{\mu}\right)^j\left[\sum_{k=0}^{n}\frac{1}{(n-k)!}\left(\frac{\lambda}{\mu}\right)^k\right]^{-1}$$
$$=\frac{1}{(n-j)!}\left(\frac{\mu}{\lambda}\right)^{n-j}\left[\sum_{k=0}^{n}\frac{1}{k!}\left(\frac{\mu}{\lambda}\right)^k\right]^{-1}$$

可得系统的稳态可用度为

$$A=\sum_{j=0}^{n-1}\pi_j=\frac{\sum_{k=1}^{n}\frac{1}{k!}\left(\frac{\mu}{\lambda}\right)^k}{\sum_{k=0}^{n}\frac{1}{k!}\left(\frac{\mu}{\lambda}\right)^k} \tag{7-2}$$

7.2.3 数值模拟

假设 $\mu/\lambda=6$，$n=1\sim20$，对系统中独立的组织部门采用串联沟通和并联沟通利用 Matlab 软件分别进行数值模拟，结果如图 7-9 所示，可以看出，当系统中执行组织的数量增加时，串联组织的可靠性下降，但是并联组织的可靠性却上升，当到达一定数量时，并联组织中的单个执行系统的故障对于系统可靠性的影响很小。

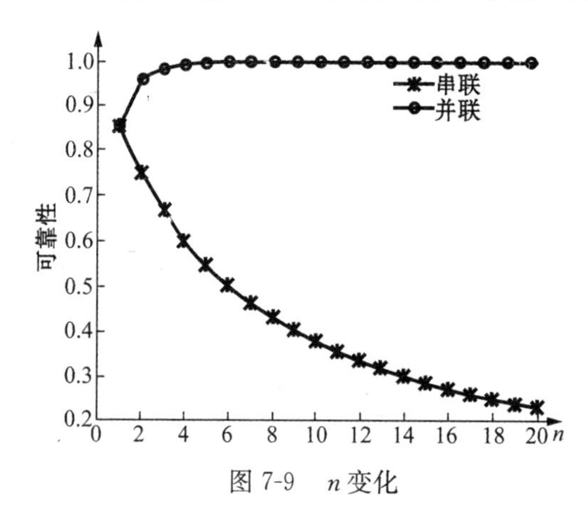

图 7-9 n 变化

假设 $n=20$，$\mu/\lambda=0.1\sim10$，同样分别对两种情况进行数值模拟，结果如图 7-10 所示，可以看出，当系统中各子系统的 μ/λ 增加时，串联组织和并联组织的可靠性均上升，但是并联组织的可靠性上升得更快，且比同样条件下串联组织的可靠性要高。

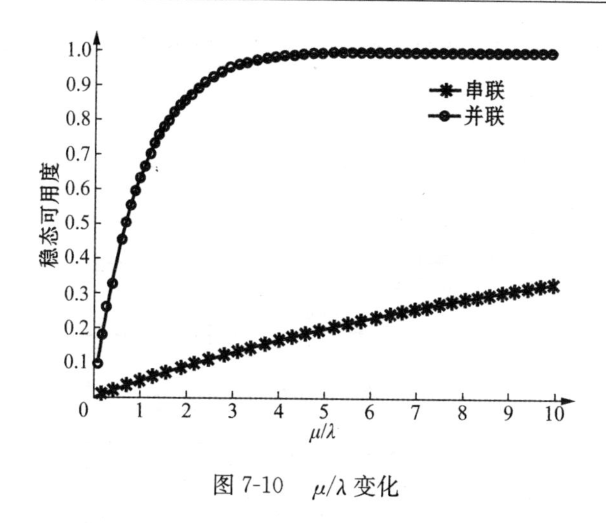

图7-10　μ/λ变化

7.3 船舶溢油应急组织组建分析[185]

7.3.1 应急组织构成分类

中国海上船舶溢油应急计划涉及的组织主要包括以下部门：船方、受污染关系方（如船厂、港口）、应急指挥部、应急行动队伍、应急成员单位（如环保、气象、军队、渔业等）、政府部门、专家咨询组等。在海事溢油应急反应中，组织行动可以分为以下几种情况。

7.3.1.1 船方单独行动

事故船方不报告应急指挥部，自行对溢油进行清理和回收。在该种组织情况下，船方单独搜集相关信息，制定应急救援计划，并单独实施应急救援的相关措施。该组织方式的缺点是：在溢油量较大、环境恶劣的情况下，溢油清理行动往往失败性较高，可靠性较低。假设该组织为OA，组织结构如图7-11所示。

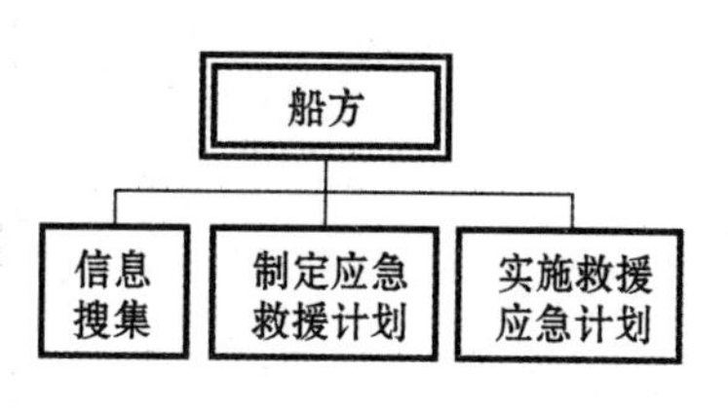

图7-11　OA组织结构

7.3.1.2 船方-应急指挥部联合行动

绝大多数情况下，事故船方在发现溢油后，会发送事故报告给应急指挥部，应急指挥部在对溢油信息进行收集并评估后，调用应急行动队伍的资源，协助船方完成溢油清理和回收。在应急指挥部系统专业的指导下,溢油应急的成功概率较高,可靠性较高。假设该组织为 OB,组织结构如 7-12 所示。

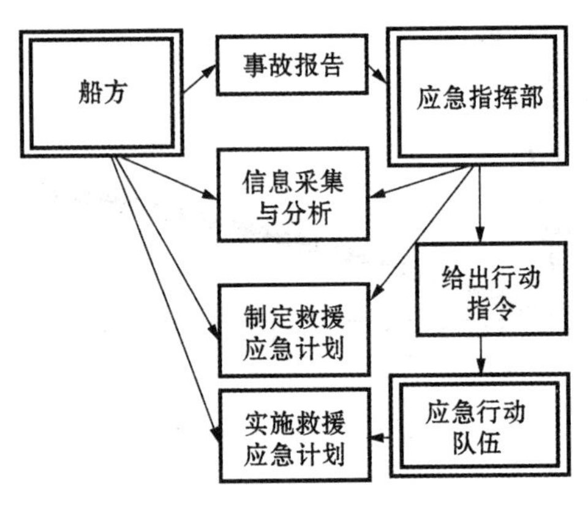

图 7-12 OB 组织结构

7.3.2 应急组织可靠性建模

7.3.2.1 船方单独行动(OA)

1) 贝叶斯网结构

OA 贝叶斯网结构如图 7-13 所示。

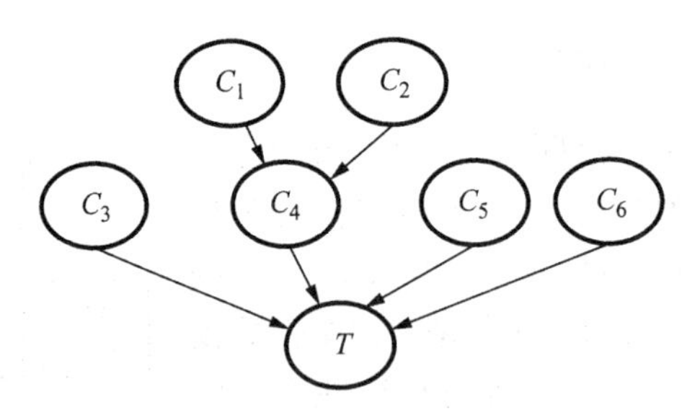

图 7-13 OA 贝叶斯网结构

该海事事故应急组织系统贝叶斯网络图由节点和有向图组成,其中影响溢油应急组织行动可靠性 T 的主要有人因 C_3、行动方案 C_4、资源 C_5、环境因 C_6。

2) 贝叶斯网参数定义

表 7-1 变量定义 1

变量	变量意义	判别	状态 1/0	
C_1	船方决策者(船长)可靠性	是否通过溢油应急培训	是	否
C_2	船方信息采集可靠性	是否准确翔实采集到溢油油品信息、溢油船舶信息、海洋气象信息的情况	是	否
C_3	船员人的可靠性	是否通过溢油应急培训 是否数量充足	是 是	否 否
C_4	船方应急计划启动可靠性	是否向溢油应急指挥部报警 是否对船上人、物进行有效评估 是否对海洋环境进行有效评估 是否制定有效的控制溢油源和清除溢油方案	是 是 是 是	否 否 否 否
C_5	船方应急资源可靠性	溢油设备(围油栏、撇油器、收油网、溢油分散器等)数量	充足	不足
C_6	应急环境可靠性	能见度 风力 浪涌 敏感区保护次序	好 小 无 最次	差 大 大 最优
T	溢油应急组织行动可靠性	完成溢油清除和回收的时间 完成溢油清除和回收的情况	短 完成	长 未完成

溢油应急组织 OA 行动可靠性的判定如下:

$$P(T=1)=\sum_{C_3,C_4,C_5,C_6}P(T=1\mid C_3,C_4,C_5,C_6)P(C_3)P(C_5)P(C_6)\cdot\sum_{C_1,C_2}P(C_4\mid C_1,C_2)P(C_1)P(C_2) \tag{7-3}$$

各个变量之间因果关系如式 7-4:

$P(C_4=1\mid C_1=0,C_2=0)=0$,

$P(C_4=1\mid \prod_{C_1,C_2}(1-C_1)(1-C_2)=0)=1$,

$P(T=1\mid C_3=0,C_4=0,C_5=0,C_6=0)=0$,

$$P(T=1 \mid \prod_{C_3,C_4,C_5,C_6}(1-C_3)(1-C_4)(1-C_5)(1-C_6)=0)=1 \qquad (7\text{-}4)$$

7.3.2.2 船方-应急指挥部联合行动

1）贝叶斯网结构学习

OB 贝叶斯网结构如图 7-14 所示。

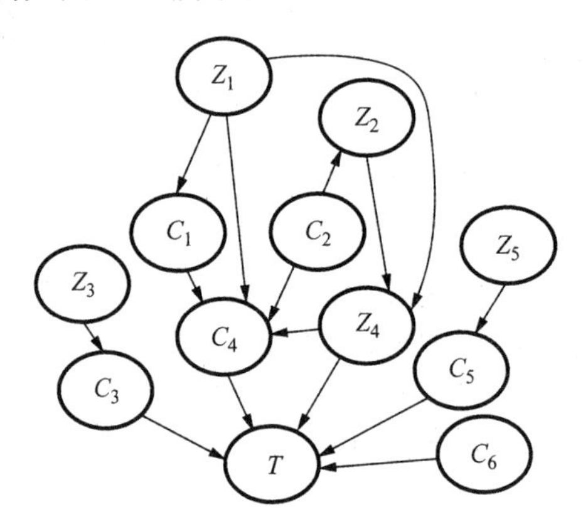

图 7-14 OB 贝叶斯网结构

2）贝叶斯网参数学习

表 7-2 变量定义 2

变量	变量意义	判别	状态 1/0	
Z_1	应急指挥部决策者可靠性	是否具有丰富的溢油应急经验	是	否
Z_2	应急指挥部信息采集可靠性	信息(事故原因、类型；溢出源位置、类型；溢油油种类、排放量；气象、海况、敏感区分布)是否准确翔实	是	否
Z_3	应急行动队伍人的可靠性	是否通过溢油应急培训 是否数量充足	是	否
Z_4	应急指挥部应急方案可靠性	方案(溢油检测技术；溢油围控、清除、回收；敏感区保护；人员调用数量和任务分配案；资源调用数量和分配)是否合理	是	否
Z_5	应急指挥部应急资源可靠性	溢油设备(围油栏、撇油器、收油网、溢油分散器等)数量	充足	不足

溢油应急组织行动可靠性的判定如式 7-5，式 7-6：

$$P(T=1)=\sum_{C_3,C_4,Z_4,C_5,C_6}P(T=1|C_3,C_4,Z_4,C_5,C_6)P(C_6)\sum_{C_1,Z_1,C_2,Z_4}P(C_4\mid C_1,Z_1,C_2,Z_4)\cdot$$
$$\sum_{Z_1,Z_2}P(Z_4\mid Z_1,Z_2)\sum_{Z_3}P(C_3\mid Z_3)P(Z_3)\sum_{Z_5}P(C_5\mid Z_5)P(Z_5)\cdot$$
$$\sum_{Z_1}P(C_1\mid Z_1)P(Z_1)\cdot\sum_{C_2}P(Z_2\mid C_2)P(C_2) \tag{7-5}$$

各个变量之间因果关系如下：

$$P(T=1\mid C_3=0,C_4=0,Z_4=0,C_5=0,C_6=0)=0,$$
$$P(T=1\mid\prod_{C_3,C_4,Z_4,C_5,C_6}(1-C_3)(1-C_4)(1-Z_4)(1-C_5)(1-C_6)=0)=1,$$
$$P(C_4=1\mid C_1=0,Z_1=0,C_2=0,Z_4=0)=0,$$
$$P(C_4=1\mid\prod_{C_1,Z_1,C_2,Z_4}(1-C_1)(1-Z_1)(1-C_2)(1-Z_4)=0)=1,$$
$$p(Z_4=1\mid Z_1=0,Z_2=0)=0,$$
$$P(Z_4=1\mid\prod_{Z_1,Z_2}(1-Z_1)(1-Z_2)=0)=1,$$
$$P(C_3=1\mid Z_3=0)=0,P(C_1=1\mid Z_1=0)=0,$$
$$P(Z_2=1\mid C_2=0)=0,P(C_5=1\mid Z_5=0)=0。\tag{7-6}$$

7.3.2.3 贝叶斯网模型计算[170]

在网络结构给定的情况下，可以利用最大似然估计进行参数学习。最大似然估计视待估参数为一个未知、但固定的量，从而不能考虑先验知识的影响。

在贝叶斯网络结构确定的情况下对贝叶斯网络参数的学习分两种情况，分在完整训练数据下的学习和不在完整训练数据下的学习。在实际的网络学习过程中，因为各种原因，用于学习的样本数据并不完整，那么我们需要运用近似的方法。期望优化 EM 算法能够很好地解决这样的学习问题，EM 算法主要用于不完整数据下计算最大似然估计，是一种具有广泛适用性的算法。

1) 完整数据

在样本数据完整的情况下，利用式 7-7 计算最大似然估计，设贝叶斯网 Y，$X=\{X_1,X_2,\cdots,X_n\}$，节点 X_i 的值分别为 $1,2,\cdots,r_i$；父节点 $\pi(X_i)$ 的值分别为 $1,2,\cdots,q_i$；如果节点 X_i 没有父节点，则 $q_i=1$。令：

$$\theta_{ijk}=P(X_i=k|\pi(X_i)=j)\quad i=1,2,\ldots,n;j=1,2,\ldots,q_i;k=1,2,\ldots,r_i$$

$$\theta_{ijk}^{*}=\begin{cases}\dfrac{m_{ijk}}{\sum\limits_{k=1}^{r_i}m_{ijk}},\text{如果}\sum\limits_{k=1}^{r_i}m_{ijk}>0\\ \dfrac{1}{r_i}\quad\text{其他}\end{cases}\tag{7-7}$$

式中：θ_{ijk}^{*} ——参数 θ 的最大似然估计值；

m_{ijk} ——数据中满足 $X_i=k,\pi(X_i)=j$ 的样本的数量。

2) 缺失数值

当数据不完整时，我们可以使用 EM 算法计算 MLE。具体步骤如图 7-15 所示。

EM(Y,D,δ)

输入：Y—— 贝叶斯网 N 的结构

D—— 一组关于 N 中变量的数据

δ—— 收敛阈值

输出：N 的参数估计

(1) $t\leftarrow 0,\theta^0\leftarrow$ 随机参数值

(2) oldScore $\leftarrow l(\theta^t\mid D)$

(3) while (true)

(4) E-步骤：按式 7-10 计算 m_{ijk}^{t}

(5) M-步骤：按式 7-11 计算 θ^{t+1}

(6) newScore $\leftarrow l(\theta^{t+1}\mid D)$

(7) if (newScore>oldScore+ δ)

(8) oldScore $\leftarrow$ newScore

(9) $t\leftarrow t+1$

(10) else

(11) return θ^{t+1}

(12) end if

(13) end while

图 7-15 EM 算法

$$\theta_{ijk}^{t+1}=\begin{cases}\dfrac{m_{ijk}^{t}}{\sum\limits_{k=1}^{r_i}m_{ijk}^{t}},\text{如果}\sum\limits_{k=1}^{r_i}m_{ijk}^{t}>0\\ \dfrac{1}{r_i}\quad\text{其他}\end{cases}\tag{7-8}$$

$$m_{ijk}^{t}=\sum_{l=1}^{m}P(X_i=k,\pi(X_i)=j\mid D_l,\theta^t)\tag{7-9}$$

7.4　本章小结

从上述结果中,可以看出组织间采用并联结构更加趋于稳定,组织间的合作将会增加组织行动的可靠性。在此理论基础上,我们可以设立集成化船舶溢油事故行政管理。所谓集成化船舶溢油事故管理是“在船舶溢油事故的各利益相关方及各影响子系统之间,采用法律的、经济的、行政的、技术的等多种形式的手段,通过对各种利益相关方以及各个子系统之间相互作用关系的综合协调,把各子系统的关键要素有机组织起来,并在此基础上控制系统运行以达到决策目标的过程”。

按照集成化船舶溢油事故行政管理思想,船舶溢油事故处理系统可以分解为不同层次、不同级别、不同特征的若干子系统,各子系统独立的、内部的问题可以设置专门的机构分别解决,同时,对各子系统之间的冲突,各子系统共同组成的大系统整体的问题,则设置综合的组织协调机构进行集中解决。具体地说,在国家级层面上,成立一个由专业主管部门为主,与船舶溢油事故行政管理有关的、各部门参与的船舶溢油事故对策中心一起,具体负责有关法规及规划的制定,同时由该专业主管部门负责重大溢油事故的组织协调、专业防治队伍的组建、溢油防治资金及资源的筹措等。

在地方级层面,参照国家级层面,成立以政府为主体的船舶溢油对策中心,除负责区域性溢油法规及规划的制定、溢油防治资金及资源的筹措等外,具体负责溢油事故应急处理的现场组织和协调、区域专业防治队伍的组建,并与社会防治力量保持联系[182]。

第 8 章　基于组织视角的船舶溢油应急处置可靠性实例评估

随着上海国际航运中心建设的快速发展，进出上海港的船舶不断增多，船舶污染事故风险加剧。为此，相关部门先后编制并颁布了《上海船舶污染事故专项应急预案》等一系列应急预案。为合理评估上述预案的实际执行效果，本书基于人-机-组织的海事事故应急预案可靠性评估的理论研究成果，选取某年上海港一起较有代表性的事故性溢油案例[183][168]作为评估对象，对上海船舶污染事故应急预案作一评估。

8.1　案例描述

某日 18 时 50 分左右，烟台通利船务有限公司“通祥”轮经北槽深水航道出口在长江口 3 锚地与日本小可油轮公司“太阳成长”轮发生碰撞，事故造成“通祥”轮右舷船尾水线以上油舱有 25cm×10cm 的破损口，造成“太阳成长”正船首水线以上有塌陷。事故发生水域为长江口，天气状况为阴转多云，偏北风 4～5 级。碰撞导致“通祥”轮油舱中部分润滑油落水。

发生碰撞后，两船均无人员伤亡。19 时 20 分，吴淞海事处指挥分中心接报后，立即启动辖区应急预案，要求“通祥”采取有效措施堵漏；安排“通祥”轮在长江口 3 锚地以东 1.2n mile 处抛锚；联系清污船“明祥”、“沪环货 301“等赶往现场清污；通知巡逻艇“海巡 1006”、“海巡 1005”赶赴现场抢救；同时向危防处报告，并通知增派 “沪环化 117”、“东安 102”、“东安 103”、“鑫安 6”、“环生 1”、“沪东雷油 3”、“沪东雷油 1”赶赴现场搜寻清污。

20 时上海海事局危防处当班负责人接到吴淞海事处的事故报告，22 时 30 分，上海海事局危防处调查人员 2 人及上海吴淞海事处执法大队 5 人、水上指挥分中心海事调查 3 人乘“海巡 1005”赶赴现场。

次日 0 时 13 分，“海巡 1005”抵达现场搜寻出事船舶；与此同时“沪东雷油 3”、“明祥”轮先后抵达并搜寻江面油污、实施清污。

6 时 30 分，危防处增派“环生 1”、“沪环货 301”船抵现场协助清污；至下午另增派“东安 102”、“东安 103”、“鑫安 6”、“沪东雷油 1”抵现场；此时已回收江面油块约 700kg。“沪环货 117“应危防处要求至外港九段沙水域巡视江面，发现少量油污带，已清除。

第3天吴淞海事处危防人员及危防处负责人等3人，于中午11时45分至外高桥造船基地材料码头乘“海巡21”轮前往长江口3号锚地，巡视现场清污作业情况。至15时35分，抵达“太阳成长”轮位置，15时55分抵达“通祥”轮位置，均予以拍摄取证。

从15时55分起至17时50分，“海巡21”根据危防处指示，巡视长江口1,2,3号锚地等区域，未发现大面积油污带，现场只看见分散的油膜及零星小块状油块。

第4日7时20分，“海巡21”再次前往出事地点寻找油污带。至10时10分，从长江口3锚地向北搜索到鸡骨礁以北6n mile处，未发现大面积油污带，危防处宣布现场应急结束。

8.2　评估步骤与属性取值

评估步骤如图8-1所示：

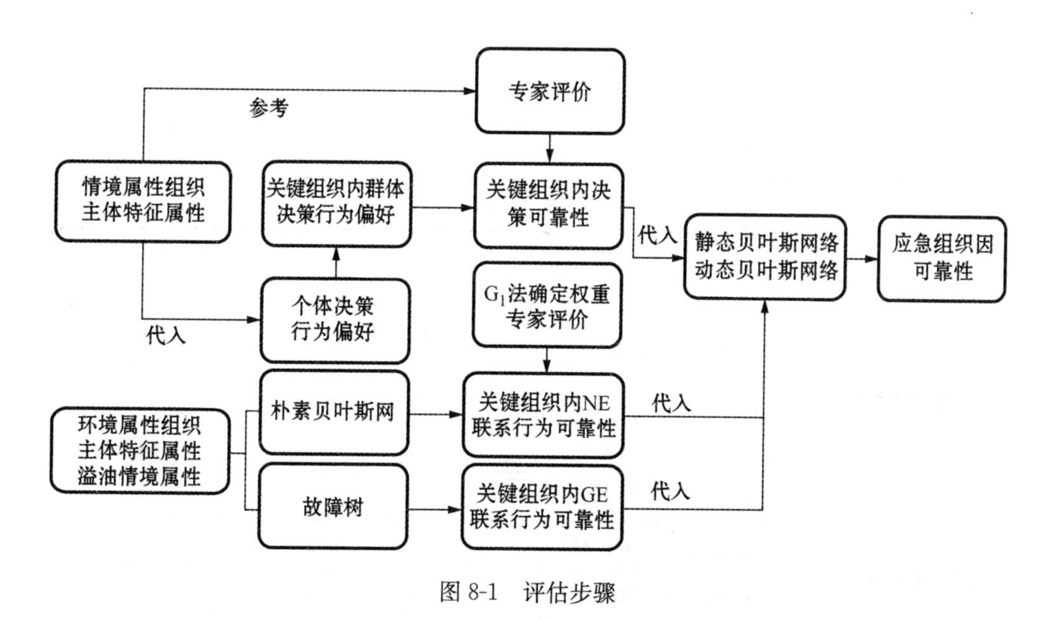

图8-1　评估步骤

根据事故应急反应过程，得到组织主体、环境因素和溢油情境因素的属性取值如表8-1～表8-4所示。

表 8-1　事故船方属性取值

船长	年龄	45 岁	45
	学历水平	本科	2
	溢油应急经历	是	1
	船上工作时间	10 年	10
	溢油培训情况	是	1
大副	年龄	35 岁	35
	学历水平	本科	2
	溢油应急经历	否	0
	船上工作时间	10 年	10
	溢油培训情况	否	0
轮机长	年龄	45 岁	45
	学历水平	本科	2
	溢油应急经历	是	1
	船上工作时间	10 年	10
	溢油培训情况	是	1

表 8-2　海事部门属性取值

属性		状态	取值
应急总指挥	受教育程度	本科	3
	海事部门工作时间	16 年	16
	溢油应急经验	有	1
	受溢油培训情况	有	1
应急副总指挥	受教育程度	本科	3
	海事部门工作时间	16 年	16
	溢油应急经验	有	1
	受溢油培训情况	有	1
现场总指挥	受教育程度	本科	3
	海事部门工作时间	12 年	12
	溢油应急经验	有	1
	受溢油培训情况	有	1

（续表）

属性		状态	取值
现场副总指挥	受教育程度	本科	3
	海事部门工作时间	12 年	12
	溢油应急经验	有	1
	受溢油培训情况	有	1

表 8-3　事故报告属性取值

符号	状态	取值	符号	状态	取值
F_1	港区锚地	1	F_6	4 ～ 5 级	2
F_2	24t	2	F_7	12	12
F_3	事故性溢油	1	F_8	船长	1
F_4	夜晚	1	F_9	1 年内	1
F_5	散货船	2	F_{10}	本科	2

表 8-4　联系属性取值

符号	状态	取值	符号	状态	取值
F_8	船长	1	F_{17}	4 ～ 5 级	1
F_7	12	12	F_{18}	碰撞	3
F_{10}	本科	2	F_{14}	已切断	3
F_9	1 年内	1	F_{15}	不扩散	3
F_{13}	不会	2	F_{16}	无线电台	3

8.3　溢油应急处置的群体决策和组织间联系可靠性

8.3.1　组织内群体决策可靠性计算

对于在此情境下行为决策的可靠性，根据《预案》等的规定和专家判定，可以得出选择各个方案的可靠值：$r(e_{11})=1$，$r(e_{21})=1$，$r(e_{23})=1$，$r(e_{24})=1$，$r(e_{31})=1$，$r(e_{42})=1$，$r(e_{43})=1$，$r(e_{52})=1$，$r(e_{62})=1$，$r(e_{64})=1$，$r(e_{65})=1$，其他的方案下 $r(e_{im})=0$[168]。具体计算如下：

8.3.1.1 船方事故报告 D_1 群体决策

1）个体选择概率计算

引用上述案例数据，得到以下个体可靠性：船方事故报告群体决策人员包括{船长 n_1，轮机长 n_2，大副 n_3}，进行事故报告行为涉及：溢油水域位置、溢油原因、船舶类型、可能溢油量和船员应急培训情况，因此可以发现报告选择概率除和“溢油应急培训情况”有关系外，与其他个体特性没有关系。故可得结果如表 8-5 所示。

表 8-5 D_1 个体选择概率

个体	报告
n_1	0.446901
n_2	0.446901
n_3	0.446901

2）群体可靠性计算

$N=\{n_1,n_2,n_3\}$，同质委员会，$k=1$，计算可得 $P(f(D_1)=e_{11})=0.906414$，因为 $r(e_{11})=1$，$r(e_{12})=0$，本案例中组织群体做出 D_1 报告行为的可靠性为：$R(D_1)=P(f(D_1)=e_{11})=0.906414$。

8.3.1.2 船方先期应急处置 D_2 群体决策

1）个体选择概率计算

引用上述案例数据，得到以下个体可靠性：船方事故报告群体决策人员包括{船长 n_1，轮机长 n_2，大副 n_3}，进行事故报告行为涉及的个体特征包括：年龄、工作时间、受教育程度、溢油应急培训情况、应急经验。计算结果如表 8-6 所示。

表 8-6 D_2 个体选择概率

个体	不停止作业也不清除溢油	停止作业且开始清除溢油	不停止作业开始溢油清除	停止作业但不开始溢油清除
n_1	0.0024936	0.9959655	0.0011897	0.0003512
n_2	0.0024936	0.9959655	0.0011897	0.0003512
n_3	0.0037139	0.9943400	0.0017719	0.0001741

2）群体可靠性计算

根据船方选择四种作业方式的概率的计算公式，可得计算结果如表 8-7 所示。

表 8-7　D_2 群体选择概率

	不停止作业也不清除溢油	停止作业且开始清除溢油	不停止作业开始溢油清除	停止作业但不开始溢油清除
群体选择概率	0.004 547	0.992 755	0.002 172	0.000 526

根据专家判定，利用式(4-4)，可得船方先期应急处置 D_2 群体决策的可靠性为：$R_G(D_2)=\sum_m P(f(D_2\mid N_2)=e_{2m})\cdot r(e_{2m})=0.997\,828$。

8.3.1.3　应急计划启动 D_4 群体决策

1）个体选择概率计算

引用上述案例数据，可得到以下个体可靠性：一级应急计划启动者为吴淞海事处，涉及{应急总指挥，应急副总指挥}，涉及的个体特征包括：海事部门工作时间、受教育程度、溢油应急经验和受溢油培训情况。计算结果如表 8-8 所示。

表 8-8　D_4 个体选择概率

	不启动	启动本辖区计划	启动更高一级计划
n_7	0.004 384	0.923 373	0.072 243
n_8	0.004 384	0.923 373	0.072 243

2）群体可靠性计算

$N_4=\{n_7, n_8\}$，同质委员会，$k=1$，$\alpha_3=\alpha_4=0.5$，根据前文公式 4-6，计算结果如表 8-9 所示。

表 8-9　D_4 群体选择概率

	不启动	启动本辖区计划	启动更高一级计划
群体选择概率	0.004 384	0.923 373	0.072 243

吴淞海事处启动应急计划的可靠性为

$$R_G(D_4)=\sum_m P(f(D_4\mid N_4)=e_{4m})r(e_{4m})=0.995\,616$$

8.3.1.4　应急方案制定的 D_5 和 D_6 群体决策

1）个体选择概率计算

引用上述案例数据，得到以下个体可靠性：应急方案决策人员包括{现场总指挥 n_{11}，现场副指挥 n_{12}}，进行应急方案制定涉及的个体特征包括：海事部门工作时间、受教育程度、溢油应急经验和受溢油培训情况。

是否选择围油栏进行溢油围控选择的情况如表 8-10 所示，可见现场总指挥和现场副总指挥对围油栏的选择的概率一致。

表 8-10　D_5 个体围油栏选择概率

	使用围油栏	不使用围油栏
n_{11}	0.843829	0.156171
n_{12}	0.843829	0.156171

对清污方法的选择，现场总指挥和现场副总指挥略有不同，计算结果如表 8-11 所示。

表 8-11　D_6 个体清污方法选择概率

	风化	机械回收	焚烧	化学
n_{11}	0.00541	0.07594	0.01467	0.00576
n_{12}	0.00541	0.07594	0.01467	0.00576
	机械回收、化学分散	机械回收、焚烧	化学分散、焚烧	机械回收、化学分散、焚烧
n_{11}	0.06749	0.07421	0.042476	0.714039
n_{12}	0.06749	0.07421	0.042476	0.714039

2）群体可靠性计算

本案例为一般事故，因此组织决策不涉及专家开会，由{现场总指挥，现场副指挥}共同决策，$\alpha_7=0.6$，$\alpha_8=0.4$，则组织群体围油栏决策选择概率见表 8-12，清污方法选择概率如表 8-13 所示。

表 8-12　D_5 群体围油栏选择概率

	使用围油栏	不使用围油栏
群体决策	0.851953	0.148047

表 8-13　D_6 群体清污方法选择概率

	风化	机械回收	焚烧	化学
群体决策	0.00541	0.07594	0.01467	0.00576
	机械回收、化学分散	机械回收、焚烧	化学分散、焚烧	机械回收、化学分散、焚烧
群体决策	0.06749	0.07421	0.042476	0.714039

围油栏方案选择的可靠性为：$R_G(D_5)=0.156171$

清污方案选择的可靠性为：$R_G(D_6)=0.14919$

8.3.2　组织间联系可靠性计算

8.3.2.1　船方向海事报告联系

船方与海事部门应急组织间报告联系(B_1)可靠性评估如表 8-14 所示。

表 8-14　事故报告计算

概　率　偏　好		结果解释
$P(Q_1=1\mid E)=36.2355\%$	$P(Q_1=2\mid E)=63.7645\%$	船方向海事部门报告的概率较高
$P(Q_2=1\mid E)=66.1919\%$	$P(Q_2=2\mid E)=33.8081\%$	船方在半小时内就发出事故的概率较高
$P(Q_3=1\mid E)=15.7924\%$	$P(Q_3=2\mid E)=84.2076\%$	船方向海事部门报告的溢油数量的方法通过测量油柜的概率较高
$P(Q_4=1\mid E)=86.5914\%$	$P(Q_4=2\mid E)=13.4086\%$	船方报告的内容按照预案规定的概率较高

对于 $\{Q_1,Q_2,Q_3,Q_4\}$ 的重要性权重 w^i，根据专业领域知识，给出重要性从小到大的排序为：$\{Q_3,Q_4,Q_2,Q_1\}$，利用连环比率法，给出重要性评分为：{-，1，1.4，1.2}，其中："-"表示以 Q_3 为其准；"1"表示 Q_4 相对 Q_3 的权重为 1；"1.4"表示 Q_2 相对 Q_4 的权重为 1.4；"1.2"表示 Q_1 相对 Q_2 的权重为 1.2。由此得出 $\{Q_1,Q_2,Q_3,Q_4\}$ 的权重 w^i（$i=1,2,3,4$）分别为{0.276，0.331，0.197，0.197}。

设对于 Q_i 选择第 t 个选项的可靠性为 $s_t{}^i$，根据与预案及领域知识的符合程度，得到 $s_t{}^i$ 取值如表 8-15 所示。

表 8-15　根据与预案及领域知识的符合程度的 $s_t{}^i$ 取值

问题	$s_t{}^i$	问题	$s_t{}^i$	问题	$s_t{}^i$	问题	$s_t{}^i$
$Q_1=1$	0.8	$Q_2=1$	1	$Q_3=1$	0.8	$Q_4=1$	1
$Q_1=2$	1	$Q_2=2$	0.8	$Q_3=2$	1	$Q_4=2$	0.8

结合上述数据，利用式 5-15，可得：船方向海事报告事故联系的可靠性 $R_L(B_1)=0.947112$ 。

8.3.2.2　海事对船方执行方案的控制联系

船方与海事部门应急组织间指挥控制联系(Z_4)的可靠性评估如表 8-16 所示。

表 8-16　联系偏好计算

概　率　偏　好			结果解释
$P(Q_5=1\mid E)=11.4845\%$	$P(Q_5=2\mid E)=88.5155\%$		船方更倾向于将信息提供给岸上船公司部门
$P(Q_6=1\mid E)=25.0173\%$	$P(Q_6=2\mid E)=74.9827\%$		船方听从船公司岸上部门的指令的概率较高
$P(Q_7=1\mid E)=32.1811\%$	$P(Q_7=2\mid E)=67.8189\%$	$P(Q_7=3)=0$	船方直接征求海事局当局的同意的概率较低
$P(Q_8=1\mid E)=46.2008\%$	$P(Q_8=2\mid E)=48.1224\%$	$P(Q_8=3)=5.6767\%$	船方以较高的概率向岸上部门直接汇报

对于 $\{Q_5,Q_6,Q_7,Q_8\}$ 的重要性权重 w^i，根据专业领域知识，给出重要性从小到大的排序为：$\{Q_5,Q_8,Q_7,Q_6\}$，重要性评分为：$\{-,1.2,1.4,1.2\}$。利用 G_1 方法，得出 $\{Q_5,Q_6,Q_7,Q_8\}$ 的权重 $w^i(i=5,6,7,8)$ 分别为 $\{0.1696,0.3419,0.2849,0.2035\}$。

设对于 Q_i 选择第 t 个选项的可靠性为 $s_t{}^i$，根据与预案及领域知识的符合程度，得到 $s_t{}^i$ 取值如表 8-17 所示。

表 8-17　根据与预案及领域知识的符合程度的 $s_t{}^i$ 取值

问题	$s_t{}^i$	问题	$s_t{}^i$	问题	$s_t{}^i$	问题	$s_t{}^i$
$Q_5=1$	1	$Q_6=1$	1	$Q_7=1$	1	$Q_8=1$	0
$Q_5=2$	0.8	$Q_6=2$	0.6	$Q_7=2$	0	$Q_8=2$	0.4
				$Q_7=3$	0	$Q_8=3$	1

结合上述数据，利用式 5-30，可得：海事部门对船方执行应急方案的控制联系的可靠性 $R_L(Z_4)=0.520707$。

1）*NE* 联系

另外，根据案例，不存在影响组织间紧密联系可靠性的失效因素，即 $\{A_1,A_2,A_3,A_4,A_5,A_6,A_7,A_8,A_9,A_{10},A_{11},A_{12},A_{13},A_{14},A_{15}\}$ 取值均为 1，可得海事部门对巡逻艇指挥控制可靠性、海事部门对清污队伍调度可靠性、海事部门对清污队伍指挥可靠性分别为：$R_L(Z_1)=1,R_L(Z_3)=1,R_L(Z_5)=1$。

2）结论

综上所述，结合表 3-15 给出的评价指标描述，可得各节点的可靠性如表 8-18 所示。

表 8-18　联系属性取值

节点	可靠值	评价	节点	可靠值	评价
RD_1	0.906414	好	RB_1	0.947112	好
RD_2	0.997828	好	RZ_1	1	好
RD_4	0.995616	好	RZ_3	1	好
RD_5	0.156171	差	RZ_4	0.520707	一般
RD_6	0.14919	差	RZ_5	1	好

从计算结果可以看出，本案例中可靠性薄弱的环节如下：

可靠性较低的组织内群体决策为海事部门对围油栏铺设和清污方法的选择。案例中溢油种类为润滑油，一般不采用围油栏围控。本案例中做出围油栏铺设和清污方法制定的群体为现场指挥和副指挥，其具有类似的主体特征，因而对方案的选择倾向相同。为提高方案选择的正确性，可以在决策群体中加入具有丰富的专家，并赋予专家较大的权重，从而提升群体决策的可靠性。

另外，可靠性较低的组织间联系为溢油清除过程中海事部门对船方的指挥控制联系。案例中船方更倾向于直接和岸上船公司相关部门联系，而根据预案规定，船方应直接和海事部门联系，这样可以缩短经过岸上船公司部门中间联系从而导致的信息延迟和信息变异。可以通过加强对船员在指令控制命令方面的培训以提高此联系可靠性。

8.4　溢油应急处置组织因的组合静态可靠性

8.4.1　组合静态贝叶斯网结构学习

溢油应急处置涉及组织和组织之间联系形成组织网络，节点表示组织内对方案的决策和对方案的执行；弧代表组织之间的信息报告、调用、指挥控制联系。我们将这张网络定义为溢油应急处置组织因网络。组织因组合可靠度由节点可靠度和弧可靠度构成，这在上文中已经作了描述。结合“通祥”轮溢油案例，本书建立如图 8-2 所示的静态贝叶斯网。

8.4.2　组合静态可靠性计算

1）分阶段可靠性计算值

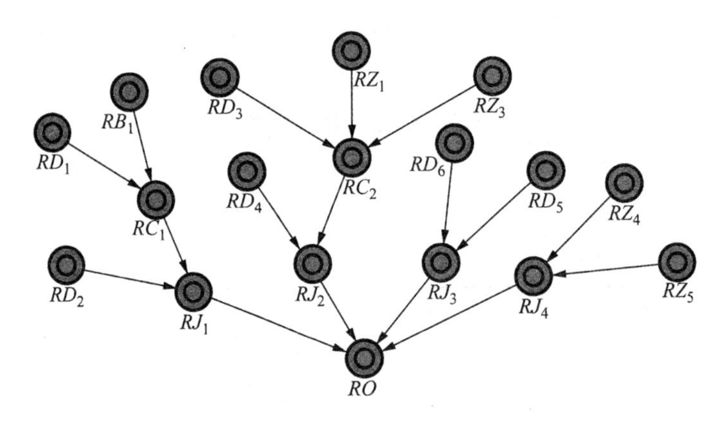

图 8-2 案例静态贝叶斯网

将表 8-18 的计算结果代入式 6-3，得出每个阶段的可靠性如表 8-19 所示。

表 8-19 "通祥"轮实例静态贝叶斯网

阶段可靠性	值	评价
RJ_1	0.9422	好
RJ_2	0.9956	好
RJ_3	0.1786	差
RJ_4	0.8562	好

可以看出，溢油事故报告阶段、应急计划启动阶段和应急计划实施阶段的可靠性好，但是应急方案制定阶段的可靠性差。经过分析，其主要原因为方案制定的可靠性较差，如何提高各个阶段的可靠性的分析如下。

2) RJ_1 阶段可靠性分析

当其他值不变，RD_2 的可靠性提高到 1，则 RJ_1 的可靠性增加到 0.9434；当把 RD_1 的可靠性提高到 1，则 RJ_1 的可靠性增加到 0.9776；当把 RB_1 的可靠性提高到 1，则 RJ_1 的可靠性增加到 0.9614。即在本案例情况下，船方先期处置决策的可靠性有待改善，先期处理决策一般为层级模型，提高群体决策可靠性的方法为：增加对船长、轮机长和大副的培训以提高决策者个体的可靠性；针对船长的个体可靠性赋予权重，即船长个体可靠性越高，则赋予更高的权重。

3) RJ_2 阶段可靠性分析

如果将 RD_4 的值提高到 1，其他因素不变的情况下，RJ_2 的可靠性可以达到 1。即提升海事部门启动应急计划决策的可靠性，可以增加 RJ_2 的可靠性，而本案例中启动应急计划决策的可靠性达到 0.9956，可靠性很好。

4) RJ_3 阶段可靠性分析

只有将 RD_5 的可靠性由 0.1562 提高到 0.5770，RD_6 的可靠性从 0.1492 提高到 0.5535，RJ_3 的可靠性才以达到 1。本案例中，RJ_3 的可靠性差，即海事部门在应急方案制定方面和预案的偏离较大，为了提高这个阶段的可靠性，海事部门需要提高溢油方案和清污方案制定的可靠性，由于这两类决策事件是在特定情境下采用特定方案，因此可以采用层级模型规避个人风险，引入高可靠性专家提升群体决策的可靠性，或者通过培训提高现场总指挥或副总指挥的可靠性。

5) RJ_4 阶段可靠性分析

如果将 RZ_4 的值从 0.5207 提高到 0.6082，在其他因素不变的情况下，RJ_4 的可靠性可以达到 1。本案例中，在溢油应急过程中，海事部门对船方的指挥控制可靠性较差，船方更倾向于和岸上船公司部门进行紧密的沟通，有效频繁的培训有利于船方按照《预案》规定服从海事部门的指挥控制。

8.5 溢油应急处置组织因的组合动态可靠性

8.5.1 组合动态贝叶斯网结构学习

本案例中动态组织因可靠性动态贝叶斯网结构如图 8-3 所示。

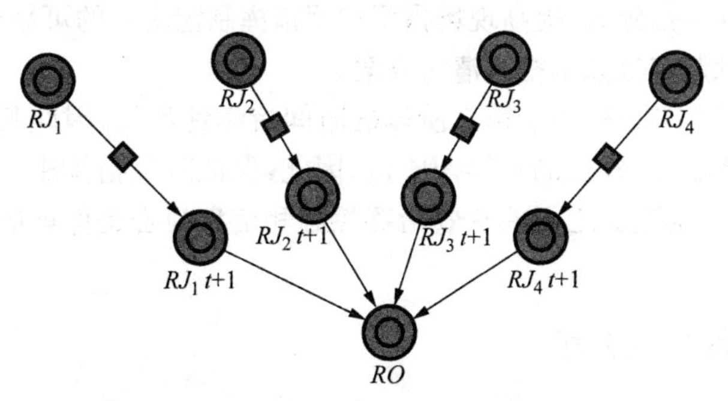

图 8-3　案例动态贝叶斯网

8.5.2 组合动态可靠性计算

1) 瞬时可靠度

根据案例，可得本案例各阶段执行时间如下：事故报告阶段 $t'_1 = 40\text{min}$，应急计划启动阶段 $t'_2 = 30\text{min}$，应急方案制定阶段 $t'_3 = 150\text{min}$，应急方案执行阶段

$t'_4 = 2\,620\text{min}$，瞬时可靠度计算具体结果如图 8-4 所示。

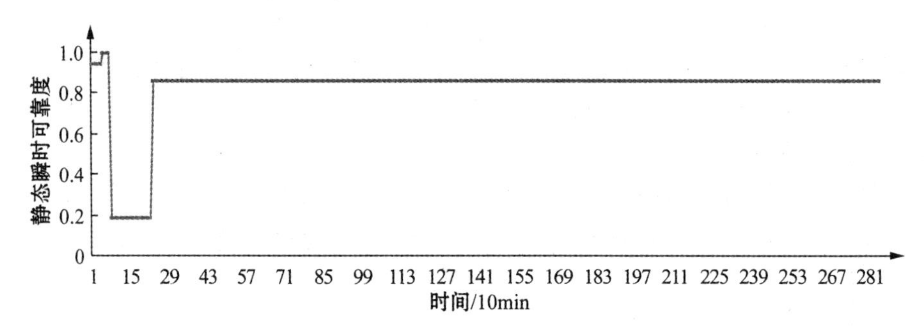

图 8-4 静态瞬时可靠度

2）稳态可靠度

$$\lim_{t\to\infty} A(t) = \lim_{t\to\infty} P_t(RO) = 0.865\,2$$

3）平均可靠度

$$\overline{A} = \sum A(t)/t = 0.823\,1$$

4）总结

从上述计算结果可以看出，本案例中溢油应急处置过程第一阶段、第二阶段和第四阶段的可靠性好，第三阶段的可靠性一般。说明：方案制定存在一定问题，但是由于清污队伍现场执行的可靠性较高，最终溢油得以控制。基于组织视角提高应急处置可靠性的措施有：提高现场指挥和副指挥制定决策的可靠性；引入可靠性较高的专家协助制定溢油围控和清污方案。

另外，从时间上来看，由于第三阶段的时间持续性不长，因此其对平均可靠度的影响不大，持续时间较长的是第四阶段，因此，保证应急指挥中心、现场指挥部、清污力量、船方和巡逻艇之间的有效指挥控制和信息报告是保证应急处置成功的关键。

8.5.3 时间敏感性分析

根据案例，结合 6.2.4 节的假定，假设 $\alpha = 0.7, 0.8, 0.9$，得出相关计算结果如图 8-5 和表 8-20 所示：

1）瞬时可靠度

计算结果如图 8-5 所示。

2）稳态可靠度和平均可靠度

计算结果如表 8-20 所示。

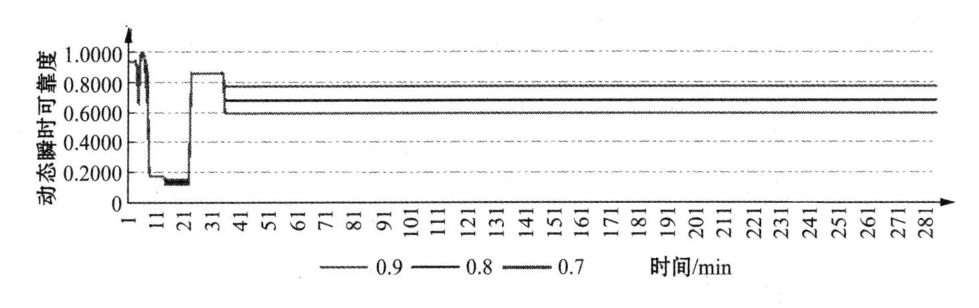

图 8-5　动态瞬时可靠度

表 8-20　稳态可靠度和平均可靠度

α	稳态可靠度	平均可靠度
0.9	0.7706	0.7465
0.8	0.6850	0.6699
0.7	0.5993	0.5932

3）总结

从时间敏感性分析中可以看出：

虽然从静态的角度看，溢油事故报告、应急计划启动和应急方案实施的可靠性好，但是每个应急阶段的持续时间均超过了《预案》规定或常规认可的理想状态。不难理解，处置时间越长，系统可靠性下降，因此本案例计算得到的动态可靠性低于静态评估的可靠性。

为了评价时间对可靠性的影响，不失一般性，分别取 $\alpha=0.7,0.8,0.9$，从计算结果看，$\alpha=0.7$ 和 0.8 下整体可靠性降为一般，$\alpha=0.9$ 下整体可靠性为良好，将计算结果和实际情况比对来看，本案例取 $\alpha=0.9$ 更合适。

另外，第四阶段应急方案实施阶段的可靠性的下降对整体可靠性下降的影响较大，应急方案实施阶段持续时间较长的主要原因是本案例中应急方案的制定存在问题，因此导致清污未能在理想时间内结束。如果能够提高应急方案制定的可靠性，那么应急清污的时间将会缩短，整个应急处置流程的可靠性将会得以提高。

8.6　本章小结

本章结合上海港水域发生的一起案例，基于组织视角对船舶溢油应急处置的可靠性进行了评估。评估内容包括：关键组织内群体决策可靠性、关键组织间联系可靠性、组合静态可靠性和组合动态可靠性。

第一，评估的结论表明：事故报告决策、溢油先期处置决策、应急计划启动决策的可靠性好；应急方案制定决策的可靠性差；船方对海事部门的事故报告联系、应急指挥中心对巡逻艇、清污队伍和现场指挥的调度和指挥控制关系好；现场对船方的溢油行动的指挥控制联系一般；从静态的角度，应急方案制定阶段的可靠性差，其他阶段的可靠性好；从动态的角度，组合可靠性良好。本案例中，应急方案制定存在问题，导致了可靠性下降。提高可靠性的可行措施为：通过培训提高清污方案制定者的可靠性，或者引入专家对清污方案制定进行指导。

第二，应急预案实施的可靠性受到多项因素的影响，主要体现在：

(1) 溢油原因、船舶类型对事故船方的人因可靠性有显著影响；溢油水域位置对事故船方和海事部门的人因可靠性有显著影响。

(2) 溢油情境因素对组织间联系行为的影响不大；事故船方船员的职务、在船工龄和培训情况等对组织间联系行为的正确实施有重要影响；有效的培训对各相关组织执行预案的及时性和准确性有重要影响。

第三，为进一步提升上海船舶污染应急处置预案实施效果，应采取下列对策：

(1) 进一步加强应急预案对涉及复杂认知决策、对事故情境依赖度高的应急任务的指导和规定。

(2) 建立应急处置决策专家信息库，以便在应急处置过程中及时获得专家的决策支持。

(3) 加强对船员、船公司的培训，进一步提高事故船舶和相关航运企业与海事部门间联系的及时性和准确性。

第 9 章　总结与展望

9.1　完成的主要工作

本书主要运用群体决策理论，故障树理论，贝叶斯网理论，基于组织视角建立了海上船舶溢油应急处置可靠性评估的理论体系。利用该方法，在海上船舶溢油应急事故发生后，可迅速采集船方组织特性、海事局和相关单位组织特性、溢油情境和其他相关情况，并可迅速预估溢油应急处置的四个主要阶段的可靠性，从而为海事部门事前决策和事中控制提供参考，以提高溢油应急处置的成功率，将溢油污染损失减少到最小。具体而言，本书完成的工作如下：

(1) 基于组织视角对应急处置进行了形式化描述。在对历年船舶溢油应急事故分析和对《海上船舶溢油应急计划》(2001)研究的基础上，本书基于组织视角对船舶溢油应急处置的四个阶段(即船方事故报告阶段、海事部门启动应急计划阶段、应急方案生成阶段和应急方案实施阶段)进行了形式化描述，并对四个阶段涉及的任务集、实体集以及实体任务的联系集进行了识别。在此基础上，利用社会网络分析理论对关键组织间联系进行辨别，得出的关键联系包括：船方向海事部门报告事故联系、海事部门对船方的指挥控制联系、应急指挥中心对巡逻艇指挥控制联系、应急指挥中心对清污队伍的调度联系和现场指挥中心对清污队伍的指挥控制联系。

(2) 利用群体决策的理论方法对组织内个体的决策行为进行集成。本书结合专家访谈和预案规定，抽象出溢油应急处置中，各个方案选择涉及的群体组成、决策内容、个体权重分配和群体决策方案通过规则。在此基础上，本书给出了各种方案下群体决策的行为选择概率偏好，并对投票规则变化、个体选择概率的大小对群体选择概率大小的影响进行了分析。

(3) 采用朴素贝叶斯网和故障树对组织间联系关系进行了挖掘。基于船方数量较多，和海事部门之间的联系存在一定利益冲突，本书采用连通性、效率和效果三个指标来衡量组织间联系，并以组织联系中个体特性、自然环境因素、溢油情境因素为影响因素，通过情境再现设计了调查问卷。通过朴素贝叶斯网对调查数据进行分析后发现：组织中人的特性和部分自然环境因素对组织间的联系可靠性有影响，但溢油情境因素对组织间联系可靠性的影响不大，并且通过培训可以提高船方和海事部门之间的联系可靠性；另外，基于海事部门和相关方如巡逻艇、清污队伍之间的联系可靠性较高，只有小概率特殊原因才会导致这种组织联系的失效，对此本书采用故障树挖掘了可能导致组织相关方之间联系失败的因素，并将故障树转换为贝叶斯网，进而推理了联系可靠性。

（4）界定了船舶溢油应急处置的组织因可靠性的概念，并通过贝叶斯网对组织内部决策行为的可靠性和组织间联系可靠性的组合可靠性进行推理。需要说明的是，组织因可靠性目前尚未形成统一的概念，本书在对其他领域可靠性概念进行分析的基础上，将船舶溢油应急处置的组织因可靠性定义为：由于组织的影响，使组织实际行为和海上船舶溢油应急预案（或专家认为的合理的行为）的符合度。基于溢油应急处置行为的动态特性，本书利用静态贝叶斯网推理计算了船方事故报告阶段、应急计划启动阶段、应急方案制定阶段和应急方案执行阶段的组织因可靠性，并利用动态贝叶斯网对随着时间变化的组织的瞬时可靠度、稳态可靠度和平均可靠度进行了分析。最后，本书结合上海港辖区"通祥"轮溢油事故实例，进行实证分析。

9.2 创新点

（1）首次建立起系统的基于组织视角的船舶溢油应急处置可靠性评估体系。组织因对应急系统可靠性的影响重大，但基于组织视角对应急系统进行评价的理论架构仍属空白，特别是对组织因应急可靠性进行评价也无相应理论体系。本书从组织角度出发，构建了船舶溢油应急处置可靠性评估体系。若一旦发生船舶溢油应急事件，通过采集各种组织包括船方、海事部门、应急清污队伍的个体特性、溢油情境特性和自然环境特性等，利用这套评估体系，可以预知组织内群体对各种关键决策方案的选择偏好；组织间联系行为的偏好和可靠性；四个主要应急阶段的组合可靠性以及其随时间的动态变化。因此，借助于这套理论方法，可以对基于组织因的应急处置的可靠性进行事先预测和事中动态控制，从而提高船舶溢油应急处置的效果。

（2）首次在对船舶溢油应急处置进行详尽剖析的基础上，基于集合论和社会关系网络，构建了一整套系统完全的"任务-实体-联系"的形式化描述模式，定义了组织因可靠性，并对其中的关键组织因进行了识别。这种形式化描述模式具有一定的通用性，不仅可以应用在船舶溢油应急领域，而且可以延伸到其他涉及组织的领域，如企业管理、社会管理等。

（3）在具体研究方法上，本书首次将群体决策、故障树和贝叶斯网运用到了船舶溢油应急领域。本书结合溢油应急的具体特点，给出了溢油应急下群体决策的一般特性和方案选择的概率偏好；利用朴素贝叶斯网明确了影响组织间联系行为的关键因素和各因素影响下的联系行为偏好；利用故障树对联系行为失效进行辨别；利用静态贝叶斯网和动态贝叶斯网解决了具有分阶段特性的组织因可靠性测量的问题。这些方法对组织因可靠性的评估研究提出了新的思路。

9.3　研究的不足与展望

船舶溢油应急处置涉及的组织数量众多，并且具有动态变化性，由于笔者水平有限，因此，对于此问题的研究还存在不足，并有待于进一步研究，本书主要不足如下：

（1）本书虽然对船舶溢油应急处置中涉及的关键组织，包括船方、海事值班室、溢油应急指挥中心、现场指挥中心、巡逻艇、应急清污力量之间的主要联系关系进行了分析。但实际上，溢油应急预案也涉及其他组织，包括政府、气象、军队等部门。由于时间、精力和资料有限，在本书中未做深入分析。在未来的进一步研究中，可以采用本书的方法再作进一步研究。

（2）本书仅选取了个体特性、自然环境和溢油情境三个方面的要素，作为影响组织间联系可靠性的因子，但对其影响联系的数据仅通过调查问卷获得。要素和数据选择局限的主要原因是目前还没有建立溢油事故翔实的案例数据库。在未来的研究中，如果能推动海事部门可以考虑建立历年事故案例数据库，并对溢油事故数据进行详细记载，那么将会获得更多准确翔实的影响因素及联系情况的数据。在此基础上，再利用本书提出的可靠性评估方法，将会进一步提高可靠性评估的精确性。

（3）本书在群体决策的规则、可靠值 0～1 与对应可靠情况、动态贝叶斯网模型中时间变化对可靠性影响等几个方面，通过专家访谈和常规情况作了一定假设。其原因是因为目前《海上船舶溢油应急计划》在关于组织的有关问题上缺乏具体的规定。因此在未来的研究中，如果海事部门可以对《海上船舶溢油应急计划》中这几个方面作出更加明确的规定，就可以进一步提高《海上船舶溢油应急计划》的可操作性，也可以提高本书所提出的组织因可靠性评价体系计算的精确性。

附录　调查问卷

1. 船方向海事部门报告事故调查问卷

（1）问卷情境

	事故地点	溢油估计	事故原因	事故时间	船舶类型	风
1	港口	1t 以下	事故性溢油	黑夜	液货船	＞5 级
2	港口	1t 以下	事故性溢油	白天	非液货船	≤5 级
3	港口	1t 以下	事故性溢油	黑夜	非液货船	＞5 级
4	港口	1t 以下	事故性溢油	白天	液货船	≤5 级
5	港口	1t～50t	操作性溢油	黑夜	液货船	＞5 级
6	港口	1t～50t	操作性溢油	白天	非液货船	≤5 级
7	港口	50t 以上	操作性溢油	黑夜	非液货船	＞5 级
8	港口	50t 以上	操作性溢油	白天	液货船	≤5 级
9	20n mile 内沿海	1t 以下	操作性溢油	黑夜	非液货船	≤5 级
10	20n mile 内沿海	1t 以下	操作性溢油	黑夜	液货船	≤5 级
11	20n mile 内沿海	1～50t	事故性溢油	白天	液货船	＞5 级
12	20n mile 内沿海	50t 以上	事故性溢油	白天	非液货船	＞5 级
13	20n mile 外近海	1t 以下	操作性溢油	白天	非液货船	＞5 级
14	20n mile 外近海	1t 以下	操作性溢油	白天	液货船	＞5 级
15	20n mile 外近海	1t～50t	事故性溢油	黑夜	非液货船	≤5 级
16	20n mile 外近海	50t 以上	事故性溢油	黑夜	液货船	≤5 级

（2）问卷内容

1. 请问您将首先向谁发出事故报告？
(　　)(1) 船公司
(　　)(2) 海事部门
(　　)(3) 其他
2. 在上述情况下，从您发现溢油，到发出事故报告需要多长时间？
(　　)(1) 半小时以内
(　　)(2) 半小时以上
3. 在上述情形下，您所报告的具体溢油数量如何确定？
(　　)(1) 通过目测海面油污状况得到
(　　)(2) 通过测量机舱油柜或货油舱，加以计算得到
(　　)(3) 与船公司协商后得到
(　　)(4) 其他
4. 在上述情况下，事故报告的内容将包括哪些？
(　　)(1) 时间、地点、事故性质、损失大小、周围环境状况和紧急处理的措施，所需要的技术指导和/或援助
(　　)(2) 选项 1 的内容太过繁杂。选择选项(1)中重要的部分选项汇报

2. 海事部门对船方指挥控制关系调查问卷

（1）问卷情境

序号	油污威胁敏感区否	风	污染造成的原因	溢油源控制状态	溢油清除状态	通讯设施
1	会	≤5 级	机舱操作失误	未切断，控制难	在清除，继续扩散	手机
2	会	≤5 级	碰撞	未切断，控制容易	在清除，继续扩散	海岸电台
3	会	≤5 级	碰撞	已切断	已清除	手机
4	会	≤5 级	违章排放油污水	已切断	在清除，不扩散	无线电台
5	会	>5 级	碰撞	未切断，控制容易	在清除，不扩散	手机
6	会	>5 级	碰撞	已切断	已清除	无线电台

(续表)

序号	油污威胁敏感区否	风	污染造成的原因	溢油源控制状态	溢油清除状态	通讯设施
7	会	>5 级	机舱操作失误	已切断	在清除,控制难	手机
8	会	>5 级	违章排放油污水	未切断,控制难	在清除,继续扩散	海岸电台
9	不会	≤5 级	机舱操作失误	未切断,控制容易	在清除,控制容易	无线电台
10	不会	≤5 级	碰撞	已切断	已清除	海岸电台
11	不会	>5 级	机舱操作失误	已切断	在清除,控制容易	海岸电台
12	不会	≤5 级	碰撞	未切断,控制难	在清除,控制容易	手机
13	不会	≤5 级	违章排放油污水	已切断	未清除,控制难	手机
14	不会	>5 级	违章排放油污水	未切断,控制容易	未清除,控制容易	手机
15	不会	>5 级	碰撞	已切断	已清除	手机
16	不会	>5 级	碰撞	未切断,控制难	未清除,控制难	无线电台

(2) 问卷内容

1. 海事部门在向船方进行事故原因调查取证时,船方如何提供信息?

(　　)(1) 提供给海事部门

(　　)(2) 报告船公司岸上部门,再提供给海事部门

(　　)(3) 其他

2. 应急指挥中心对船舶下达拖航和过驳指令,船方如何反应?

(　　)(1) 船方听从应急指挥中心的指令

(　　)(2) 船方向船公司岸上部门汇报后,听从岸上部门的指令

(　　)(3) 其他

3. 如果需要使用消油剂进行作业,船长应该和谁联系?

(　　)(1) 征求海事局当局的同意后作业

(　　)(2) 征求船公司岸上部门的同意后作业

(　　)(3) 无需征求同意,直接作业

(　　)(4) 其他

（续表）

4. 上述情形下，船公司优先向谁汇报溢油应急方案和溢油清除状态？
（　　）(1) 无需汇报
（　　）(2) 汇报给船公司岸上部门
（　　）(3) 汇报海事部门
（　　）(4) 其他

参考文献

[1] Drewry Publishing[M]. Tanker Forecaster,2009. 8.

[2] 我国海上船舶溢油应急反应工作综述 EB/OL. www. moc. gov. cn

[3] 殷玉香,郝光亮,赵普. 我国首次对海面溢油进行卫星监视[J]. 中国水运报,2009. 4(29).

[4] 中国环境状况公报,2006-2008EB/OL. www. zhb. gov. cn

[5] 杨志勇. 论船舶溢油的危害和防止对策[J]. 交通科技,2005. 4:121-123.

[6] 关于表彰"12. 7"珠江口船舶碰撞溢油事故处置突出贡献单位的通报. 广东省人民政府文件,粤府(2007)1号.

[7] IMO. 1990年国际油污防备、反应和合作公约(OPRC1990)[M]. IMO,1990.

[8] IMO. 经1978年议定书修订的1973年国际防止船舶造成污染公约[M](MARPOL 73/78). IMO, 1978.

[9] 中华人民共和国海事局. 中国海上船舶溢油应急计划[M]. 北京,中华人民共和国海事局,2000.

[10] Friis-Hansen, Simonsen,Software for grounding and collision risk analysis, Marine Structures, 2002,15, (4-5), 383-401.

[11] Hara K, Nakamura S. A comprehensive assessment system for the maritime traffic environment[J]. Saf Sci 1995;19:203-15.

[12] Bruzzone AG, Mosca R, Revetria R, Rapallo S. Risk analysis in harbor environments using simulation. Saf Sci 2000;35:75-86.

[13] Jason R W Merrick, van Dorp J. René, Thomas Mazzuchi, et al. The Prince William Sound Risk Assessment[J]. Interfaces. 2002, 32: 25-40.

[14] Guedes Soares C, Teixeira A P. Risk assessment in maritime transportation[J]. Reliability Engineering System Safety . 2001,74:299-309.

[15] Iakovou E T. An interactive multiobjective model for the strategic maritime transportation of petroleum products: risk analysis and routing[J]. Safety Science,2001,39:19-29.

[16] Goossens L H J, Glansdorp C C. Operational benefits and risk reduction of marine accidents[J]. Safety and VTS 51(3):368-81.

[17] van Urk W, de Vries WA. POLSSS: policy making for sea shipping safety[J]. Saf Sci 2000;35:139-50.

[18] Walker WE. POLSSS: overview and cost-effectiveness analysis[J]. Saf Sci 2000;35:105-21.

[19] Wang J. The current status and future aspects in formal ship safety assessment[J]. Saf Sci 2001;38:19-30.

[20] van der Meer R, Quigley J, Storbeck J. Using regression analysis to model the performance of UK coastguard centres[J]. J Operat Res Soc 2005;56:630-41.

[21] Norrington L, et al. Modelling the reliability of search and rescue operations with Bayesian Belief Networks[J]. Reliab Eng Syst Safety (2007), doi:10.1016/j.ress.2007.03.006

[22] Steven Novack D. The use of events trees in oil spill prevention applications[R]. 1997 international oil spill conference,1997:527-534.

[23] Belardo S, et. al. A partial covering approach to sitting response resources for maritime oil spills[J]. Management Science,1984, 30:1184-1196.

[24] Psaraftis H N, et. al. A tactical decision algorithm for the Optimal dispatching of oil spill cleanup equipment[J]. Management Science,1982,31:1475-1491.

[25] Daling Per S, Indrebo Geir . Recent improvements in optimizing use of dispersants as a cost-effective oil spill countermeasure technique. International Conference on Health[J], Safety and Environment in Oil and Gas Exploration and Production,1996, 2: 899-913.

[26] Sebastião, P. ,Guedes Soares, C. Uncertainty in predictions of oil spill trajectories in a coastal zone. Journal of Marine Systems, 2006, 63:257-269

[27] Ventikos, Nikolaos P,Vergetis, Emmanouill, et al. A high-level synthesis of oil spill response equipment and countermeasures[J]. Journal of Hazardous Materials. 2004,107:51-58.

[28] Richardson C. Oil spill response organisations and their utilisation in disaster relief[R]. SPE Asia Pacific Health, Safety and Environment Conference and Exhibition Proceedings, 2005: 339-341.

[29] Boben Mark; Yuheng Liu. Oil spill response organization development - Bohai Sea - China [R]. 2005 International Oil Spill Conference, 2005:10859-10862.

[30] 王捷,叶明军.海事应急管理模拟指挥系统的开发[J].中国水运(学术版),2007,3:16-17.

[31] 上官好敏.浅议海事应急指挥[J].中国海事,2007,10:56-59.

[32] 张志颖.参加交通部溢油应急技术代表团赴美培训的启示和思考[J].交通环保,2003,6.

[33] 孙新文.日本海洋污染防备和反应体系概述[J].交通环保,1996,1:26-29.

[34] 张新星.我国油污应急反应体系运行评估及发展战略[D].上海:上海海事大学,2006.

[35] 肖景坤.船舶溢油风险评价模式与应用研究[D].大连:大连海事大学,2001.

[36] 施益强,等.海上溢油事故应急系统框架的研究[J].海洋环境科学,2003,22(2):40-43.

[37] 阚兴强,魏愚."凯旋"轮海事应急行动凯旋后的反思[C]. 2006 年苏、浙、闽、沪航海学会学术研讨论文集,2006:119-123.

[38] 郭秀斌,殷佩海.大连湾溢油动态的监测模式[J].大连海事大学学报,1994.3.

[39] 赵谱.我国船舶溢油污染事故溢油量评估方法及其应用[J]. 海洋环境科学,2009,28(3):469-472.

[40] Arrow K J. Social choice and Individual Values [M]. 2nd, Yale University Press, 1963.

[41] May K O A. Set of Independent Necessary and Sufficient Conditions for Simple Majority

Decision [J] . Econometrica, 1952,20:680-684.

[42] Dubey P. On the uniqueness of the Shapley value[J]. International Journal of Game Theory,1975,4:131-139

[43] Dubey P, Shapley Ll S. , Mathematical properties of the Banzhaf index[J]. Mathematics of Operations Research ,1979,4:99-131.

[44] Laruelle Annick, Valenciano Federico. Shapley-shubik and Banzhaf indices revisited[J]. Mathematics of Operations Reaearch,2001,26:89-104.

[45] Freixas Josep. The shapley-shubik power index for games with several levels of approval in the input and output[J]. Decision support systems, 2005, 39:185-195.

[46] Richard Watson T, Teck Hua Ho,Raman K S. Culture: a fourth dimension of group support system[J]. Communications of the ACM,1994, 37:44-55.

[47] Daniel E, O' Leary. Knowledge-Management Systems-Converting and Connecting[J]. IEEE Intelligent Systems,1998,12:30-33.

[48] Karl E. Weick. Sensemaking in organizations[M] . Sage Publications Inc,1995

[49] Robert F. Bordley. A multiplicative formula for aggregating probability assessments[J]. Management Science,1982,28:1137-1140.

[50] Carl N. Morris. Parametric Empirical Bayes Inference: Theory and Applications. American Statistical Association[J]. 1983,78:381-392.

[51] YU PL. A class of solutions for group decision problems[J]. Management Science, 1973, 19:936-940.

[52] Raaj Kumar Sah,Joseph Stiglitz. E. The Architecture of Economic Systems: Hierarchies and Polyarchies[J]. The American Economic Review, 1986,76:716-727.

[53] Sara Kiesler. Group decision Making and communication technology. Organizational behavior and human decision processes, 1992, 52:96-123.

[54] 魏存平,邱菀华. 群体决策基本理论评述[J]. 北京航空航天大学学报(社会科学版),2000, 13:24-28.

[55] 曹永强,曲晓飞. 专家群体评价的概率模型[J]. 系统工程理论方法应用,1994,1:77-80.

[56] 李武,席酉民,成思危. 群体决策过程组织研究述评[J]. 管理科学学报,2002,5(2):55-66.

[57] 李武,席酉民. 二分群体决策规则约束条件研究[J]. 管理工程学报,2002,16(4):38-41.

[58] 杨雷. 不完全信息条件下的多指标群体决策方法[J]. 系统工程理论与实践, 2007, 3:172-176.

[59] 刘树林,席酉民,唐均. 群体大小对群体决策可靠性影响的研究综述[C]. 第六届全国人-机-环境系统工程学术会议论文集,2003:157-161.

[60] 邱菀华. 群组决策系统的熵模型[J]. 控制与决策,1995,10(1):50-54.

[61] 徐选华,陈晓红. 一种多属性多方案大群体决策方法研究[J]. 系统工程学报,2008,23(2):137-141.

[62] Borgatti, Evertt and Freeman. UCINET Version 6. Columbia: Analytic Technologies,

2008[EB/OL]: http://www.analytictech.com/ucinet/ucinet.htm
[63] Pajek[EB/OL]: http://vlado.fmf.uni-lj.si/pub/networks/pajek/default.htm
[64] Scott, J. Social Network Analysis[M]. London U. K. :Sage Publications ,1991.
[65] Linton C. Freeman. Social network analysis. Los Angeles :SAGE,2008.
[66] Granoveter M. Economic Action and Social Structure: the Problem of Embeddedness[J]. American Journal of Sociology, 1985, 91(3):481-510.
[67] Burt Ronald S. The Network Structure of Social Capital[R]. Research on Organizational Behavior, 2000,22,CT,JAI Press.
[68] Sergio Quijada E. A hybrid Simulation methodology to evaluate network centric decision making under extreme events:Dissertation for the degree of Doctor of Philosophy[G]. University of Central Florida, 2006.
[69] Gerald Hinson B. High Reliability Response organizations: structure and information flow in crisis: Dissertation for Degree of Doctor of Philosophy, Carnegie Mellon Univesity,1994.
[70] Newman M E J. Scientific collaboration networks. II. Shortest paths, weighted networks, and centrality[J]. Physical Review E,2001,64:01613.
[71] Poole, Scott M;Putnam, Linda L. Organizational communication in the 21st Century[J]. Management communication quarterly,1997,10(1):106-112.
[72] 杨波.复杂社会网络的结构测度与模型研究[D].上海:上海交通大学,2007.
[73] Li M, Fan Y, Chen J. Weighted networks of scientific communication: the measurement and topological role of weight[J]. Physica A ,2005: 643-656.
[74] Yook S H, Jeong H, Barabási A L, et al. Weighted Evolving Networks[J]. Phys. Rev. Lett,2001,86: 5835-5838.
[75] Closs D J, Goldsby T Clinton. Information Technology Influences on World Class Logistics Capability[J]. International Journal of Physical Distribution & Logistics Management, 1997, 27(1):67-89.
[76] Downs C W, Hazen M D. A factor analytic study of communication satisfaction[J]. Journal of Business Communication,1977, 14(3):63-73.
[77] 雷恩 D A. 管理思想的演变[M].北京:中国社会科学出版社,1989.
[78] Wiley E O. Entropy and evolution, entropy, information and evolution [Z]. Massachusetts Institute of Technology, 1998.
[79] Carley, Kathleen M, Svoboda D. Modeling organizationa ladaptation as a simulated annealing process[J]. Sociological Methods and Research. 1996, 25(1):138-168.
[80] Levchuk G M, Levchuk Y N, LuoJ, et al. Normative design of organizations part1: Missionplanning[J]. IEEETrans. on SMC, PartA, 2002, 32(3): 346-359.
[81] Levchuk, G M, Levchuk Y N, LuoJ, et al. Normative design of organizations part2: organizational structure [J]. IEEE Trans. on SMC, PartB 2002, 32(3): 360-375.

[82] Duncan R. Is the Right Organization Structure? Decision Tree Analysis Provides the Answer [J] . Organization Dynamics1979,Winter:59-79.

[83] Levchuk Y, Pattipati K R, Kleinman D L. Analytic Model Driven Organizational Design and Experimentationin Adaptive Commandand Control[J]. Systems Engineering,1999, 2 (2).

[84] 刘军.社会网络分析导论[M].北京:社会科学文献出版社,2004.

[85] 罗家德.社会网分析讲义[M].北京:社会科学文献出版社,2005.

[86] 张树人,刘颖,陈禹.社会网络分析在组织管理中的应用[J].中国人民大学学报, 2006,(3):74-80.

[87] 殷国鹏,莫云生,陈禹.利用社会网络分析促进隐性知识管理[J].清华大学学报(自然科学版),2006,46(S1):964-969.

[88] 钱小军,詹晓丽.关于沟通满意度以及影响的因子分析和实证研究[J].管理评论, 2005,17(6):30-34,63-64.

[89] 马连杰.基于信息通信技术的组织决策权配置研究[D].武汉:华中科技大学,2004.

[90] 王英.组织结构与信息传递效率[J].系统工程理论与实践,2000,20:47-51.

[91] 何蕾.装备保障指挥组织结构与指挥信息传递效率研究[J].科学技术与工程, 2006, 6 (8): 995-997.

[92] 王意冈,张肖南.用 Petri 网研究组织结构形式[J].系统工程学报,1998,13(3):110-116.

[93] 王春江,符意德,黄志同.基于 Petri 网的决策组织结构设计[J].火力指挥与控制,1997,(4):2-9.

[94] 宋华岭,等.管理熵理论——企业组织管理系统复杂性评介的新尺度[J].管理科学学报,2003, 6(3):19-27.

[95] 齐欢.组织结构的数学模型及其分析[J].管理工程学报,1999,13(3):29-32.

[96] 岳建波.信息管理基础 [M] . 北京:清华大学出版社,1999.

[97] 严文华.20 世纪 80 年代以来国外组织沟通研究评价[J].外国经济与管理,2001,23(2):15-20.

[98] 阳东升.组织描述方法研究[J].系统工程理论与实践,2004,3:2-7

[99] 杨世幸,阳东升.基于协作负载的指挥关系描述与设计[J].火力与指挥控制, 2009, 34 (5): 142-145.

[100] 刘蜀,李登峰.驱护舰指挥关系的时效和质量熵分析方法[J].指挥控制与仿真, 2009, 31(1):62-64.

[101] 常树春,张东戈,周道安.基于 n-宗派的 C2 组织协作性量化分析[J].指挥控制与仿真, 2008,30(3):9-12.

[102] 王磊,罗爱民.网络化作战 C2 组织结构的一种分析设计方法[J].指挥控制与仿真, 2006,28(1):77-81.

[103] Clifton A. Ericson. Fault Tree Analysis-A history[R]. The proceedings of the 17th International System Safety Conference,1999.

[104] Watson H A. Launch control safety study[J]. Bell labs, 1961, Section VII, 1.

[105] Haasl D F. Adcanced concepts in fault tree analysis[M]. Boeing/UW system safety symposium, 1965.

[106] Roberts W E, Vesely D F, Haasl, F F, Goldberg[M]. Fault tree handbook. NUREG-0492, 1981.

[107] Fussell J B. Synthetic tree model-A formal methodology for Fault Tree Construction [M]. ANCR-1098, 1973.

[108] Fussel J B, Henry E B, Marshall N H. MOCUS-A computer to obtain minimal sets from fault trees[G]. ANCR1156, 1974.

[109] Pande P K, Spector M E, Chatterjee P. Computerized fault tree analysis[G]: TREEL and MICSUP. Univ. of California ORC-75-3, 1975.

[110] Bobbio A, Portinale L, Minichino M, Ciancamerla E. Improving the analysis of dependable systems by mapping fault trees into Bayesian networks[J]. Reliability Engineering and System Safety. 2001, 71, 249-260.

[111] Bobbio A, Ciancamerla E, Franceschinis G, et al. Sequential application of heterogeneous models for the safetyanalysis of a control system: a case study[J]. Reliab Eng Syst Safe 2003; 81(3): 269-80.

[112] S. Montani, L. Portinale, A. Bobbio, D. Codetta-Raiteri. RADYBAN: A tool for reliability analysis of dynamic fault trees through conversion into dynamic Bayesian networks[J]. Reliability Engineering and system safety, 2008, 93.

[113] Luigi Portinale, Daniele Codetta Raiteri, Stefania Montani . Supporting reliability engineers in exploiting the power of Dynamic Bayesian Networks[J]. International Journal of Approximate Reasoning, 2009. 5.

[114] Nikolaos P. Ventikos, Harilaos N. Psaraftis. Spill accident modeling: a critical survey of the event-decision network in the context of IMO's formal safety assessment[J]. Journal of Hazardous Materials (2004)107: 59-66.

[115] Hara K, Nakamura S. A comprehensive assessment system for the maritime traffic environment[J]. Saf Sci 1995; 19: 203-15.

[116] Bruzzone A G, Mosca R, Revetria R, Rapallo S. Risk analysis in harbor environments using simulation[J]. Saf Sci 2000; 35: 75-86.

[117] Goossens L H J, Glansdorp C C. Operational benefits and risk reduction of marine accidents[J]. Safety and VTS 51(3): 368-81.

[118] Pearl J. Probabilistic Reasoning in Intelligent system: Networks of Plausible Inference [J]. San Francisco: Morgan Kaufmann, 1988.

[119] 霍利民.基于贝叶斯网络的电力系统可靠性评估[D].河北:华北电力大学,2004.

[120] Peal J, Fusion. Propagation and structuring in belief networks[J]. Artificial Intelligence, 1986, 29, 241-288.

[121] Peal J. Probabilistic Reasoning in Intelligent Systems[M]. Morgan Kaufmann, Palo Alto, 1998.

[122] Lauritzen S L, Spiegelhalter D J. Local Computations with Probabilities on Graphical Structures and their Applications to Expert Systems[R]. Proceedings of the Royal Statistical Society, Series B. 1988,50:154-227.

[123] Andersen S K, Olesen K G, Jensen F V, et al. HUGIN-a Shell for Building Bayesian Belief Universes for Expert Systems[R]. Proceedings of the Eleventh International Joint Conf on Artificial Intelligence, North Holland, Amesterdam, 1986,371-382.

[124] Shachter R. Intelligent probabilistic inference[M]. Uncertainty in Artificial Intelligence, 1986, 371-382.

[125] Shachter R, Ambrosio B D, DelFavero B. Symbolic probabilistic inference in Proc[R]. 12th Conference on Uncertainty in Artificial Intelligence, 1996,211-219.

[126] Dechter R, Bucket Elimination . A unifying Framework for probabilistic inference in Proc [R]. 12th Conference on Uncertainty in Artificial Intelligence, 1996,211-219.

[127] Pearl J. Evidential reasoning using stochastic simulation of casual models[J]. Artificial Intelligence,1987,32(2):245-257.

[128] Shachter R D Peot M A. Simulation approaches to general probabilistic inference on belief networks[R], In Proc. Of the Conf. On Uncertainty in AI,1990. 5:221-231.

[129] Henrion M. Propagating uncertainty in Bayesian networks by probabilistic logic sampling. Uncertainty in Artificial Intelligence[M],New York: Elsevier Science Publishers, 1988,149-163.

[130] M. Henrion. Search-based methods to bound diagnostic probabilities in very large belief nets [R], in: Proceedings Seventh Workshop on Uncertainty in Artificial Intelligence,1991.

[131] Poole D. The use of conflicts in searching Bayesian networks[R]. Proceedings of the Ninth Conference on Uncertainty in AI, Washington D. C,1993,359-367.

[132] Kevin Murphy. Dynamic Bayesian Networks: Representation, Inference and Learning [D]. UC Berkerley, Computer Science Division, PhD thesis, 2002.

[133] Alexander Kuenzer. An empirical study of Dynamic Bayesian networks for user modeling. Institute of Industrial Engineering and Ergonomics [EB/OL]. A achen University of Technology, Germany, 2002.

[134] Vladimir Pavlovi'c, Rehg James M , Tat-Jen Cham. A dynamic bayesian network approach to tracking using learned switching dynamic models[EB] . Compaq Computer Corporation,2003.

[135] Kaan Ozbay, Nebahat Noyan. Estimation of incident clearance times using Bayesian Networks approach[J]. Accident Analysis and prevention, 2006, 38:542-555.

[136] Yanbing Ju, Aihua Wang, Haiying Che. Modeling and Analysis of Traffic Accident Res-

cue Process Using GSPN[C]. Conference of WICOM,2007:6601-6604.

[137] 周建方,唐椿炎,许智勇. 事件树、故障树、决策树与贝叶斯网络[J]. 河海大学学报(自然科学版),2009,37:351-355.

[138] 周忠宝. 基于贝叶斯网络的概率安全评估方法及应用研究[D] . 长沙:国防科学技术大学,2006.

[139] 王连强,吕述望,刘振华. 基于数据融合的安全动态风险评估研究[J]. 计算机工程,2007,33(22):32-35.

[140] 胡笑旋,杨善林,马溪骏. 面向复杂问题的贝叶斯网建模方法[J]. 系统仿真学报,2006,18(11):3242-3246.

[141] 谢斌. 贝叶斯网络在可靠性分析中的应用[D] . 成都:西南交通大学,2004.

[142] 史建国,高晓光,李相民. 基于离散模糊动态贝叶斯网络的空战态势评估及仿真. 系统仿真学报,2006,18(5):1093-1100.

[143] 衡星辰,覃征,邵利平,等. 动态贝叶斯网络在复杂系统中建模方法的研究[J]. 系统仿真学报,2006,18(4):1002-1005.

[144] 冀俊忠,沙志强,刘椿年. 一种基于贝叶斯网客户购物模型的商品推荐方法[J]. 计算机应用研究,2005. 4:65-71.

[145] 黄典剑,李传贵. 突发事件应急能力评价——以城市地铁为对象[M]. 北京:冶金工业出版社,2006.

[146] 张江华,郑小平,彭建文. 基于模糊层次分析法的应急能力指标权重确定[J]. 安全与环境工程,2007,14(3): 80-82.

[147] 刘艳,赵汉章. 我国城市减灾管理综合评价指标体系的研究[J]. 自然灾害学报,1999,8(2):61-66.

[148] 王绍玉. 城市灾害应急管理能力建设[J]. 城市与减灾,2003,3:4-6.

[149] 徐静珍,郝春新. 城市居民灾害应急反应能力的研究. 城市与减灾,2003,5:18-20.

[150] 姜启源. 数学模型[M]. 北京:高等教育出版社,1993.

[151] 王莲芬,许树柏. 层次分析法引论[M]. 北京:中国人民大学出版社,1990.

[152] 汪培庄,李洪兴. 模糊系统理论与模糊计算机[M]. 北京:科学出版社,1996.

[153] 黄健元,胡航宇. 改进的模糊一致矩阵决策方法以及应用[J]. 河海大学学报(自然科学版),2006,34:721-723.

[154] 陈国华,王永建,韩桂武. 基于可靠性的供应链构建[J]. 工业工程与管理,2004,9(1):73-74.

[155] 刘希龙. 供应网络弹性研究[D]. 上海:上海交通大学,2007.

[156] 安金朝. 应急响应过程可靠性建模及调度方法研究[D] . 江西南昌大学,2007.

[157] 金星,洪延姬. 工程系统可靠性数值分析方法[M]. 北京:国防工业出版社,2002.

[158] G·康托尔. 全体代数数的集合的一个性质[J]. 数学杂志,1874.

[159] 陈雯. 基于 SNA 的企业内部非正式社会网络研究[D] . 上海. 同济大学,2007.

[160] 罗家德. 社会网络分析讲义[M]. 北京:社会科学文献出版社,2005:151-158.

[161] 程东,殷佩海,蒋廷琥. 溢油应急处理的优化决策[J]. 海洋环境科学,2000(2):35-39.

[162] 中华人民共和国海事局. 溢油应急培训教程[M]. 北京:人民交通出版社,2003.

[163] 中华人民共和国上海海事局 2006 年危防案例集[M].

[164] Shapley L S. A Value for n-Person Games[G]//KUHN H, TUCKER A W. Contributions to the Theory of Games II. Princeton: Princeton University Press, 1953: 307-317.

[165] Steffen, Frank. Decision making power in Hierarchies. Annul meeting of the American Political Science Association, 2006, 8.

[166] Raaj Kumar Sah, Joseph E Stiglitz. Committees, Hierarchies and Polyarchies. The Economic Journal, 98, 451-470.

[167] 王华锋,赵勇,李生校. 群体决策中的投票规则研究述评[J]. 技术经济与管理研究,2005,6:56-57.

[168] 张欣. 船舶溢油应急人因可靠性评估研究[D]. 上海:上海海事大学,2009.

[169] 杨雷,席酉民. 信号检测理论与二分群体决策[J]. 系统工程理论与实践,1997,12:116-121.

[170] 张连文,郭海鹏. 贝叶斯网引论[M]. 北京:科学出版社,2001.

[171] Cooper G, Herskovits E. A Bayesian Method for the induction of Probabilistic: Networks from data[J]. Machine Learning ,1992, 122(9): 309-347.

[172] 曹晋华,等. 可靠性数学引论[M]. 北京:高等教育出版社,2001.

[173] 黄德根,马玉霞,杨元生. 基于互信息的中文姓名识别方法[J]. 大连理工大学学报,2004,44(5):744-748.

[174] Berger, J O. 统计决策论及贝叶斯分析[M]. 北京: 中国统计出版社, 1998.

[175] 许永龙,等. 物流系统的经济评价理论与方法[M]. 北京:中国社会科学出版社,2006.

[176] Bobbio A, Portinale L, Minichino M, Ciancamerla E. Comparing Fault Trees andBayesian Networks for Dependability Analysis [A]. The 18th International Conference on Computer Safety, Reliability and Security [C]. Toulouse, France: 1999, 310-322.

[177] 王广彦,马志军,胡起伟. 基于贝叶斯网络的故障树分析[J]. 系统工程理论与实践,2004,6:76-83.

[178] Bobbio A, Portinale L, Minichino M, Ciancamerla E. Improving the Analysis of Dependable Systems by Mapping Fault Trees into Bayesian Networks[J]. Reliability Engineering and System Safety, 2001, 71(3): 249-260.

[179] 谢斌,张明珠,严于鲜. 贝叶斯网络对故障树方法的改进[J]. 绵阳师范学院学报,2004,23(2): 29-33.

[180] 唐政,高晓光. 基于离散动态贝叶斯网络的辐射源目标识别研究[J]. 系统仿真学报,2009,21(1):117-126.

[181] Carley K M, Svoboda D M. Modeling organizational adaptation as a simulated annealing process[J]. Sociological Methods and Research, 1996, 25(1): 138-168.

[182] 施欣. 船舶溢油事故污染的行政治理[J]. 中国航海,2006 年第 2 期

[183] 中华人民共和国上海海事局. 2007年危防案例集[G]. 上海:上海海事局，2007.

[184] George Casella，Roger L. Berger，Statistical inference[M]. 北京:机械工业出版社,2005.

[185] Wang likun. Organization Reliability Modeling of ship oil spill emergency management based on Bayesian network[C]. WICOM2009(International Conference on Wireless Communications，Networking and Mobile Computing),2009.

[186] 王立坤. 船舶溢油应急处置群体选择偏好[J]. 上海海事大学学报. 2010,31(1).

[187] 王立坤. 船舶溢油应急处置关键组织与联系的识别[J]. 交通信息安全. 2010,1.

[188] 王立坤. 船舶溢油应急处置组织间关联关系形式化描述[J]. 中国航海. 2010,1.

[189] Wang Likun , Zhou xin. Analysis of stable Availability of organizations in Emergency management of ship oil spill[C]. WICOM2008(International Conference on Wireless Communications，Networking and Mobile Computing),2008.